預約實用知識，延伸出版價值

內向又怎樣，不刷存在感也能成交

渡瀨謙——著
張嘉芬——譯

目錄 CONTENTS

第一章 維持內向個性，也能業績長紅的「階段式業務推廣法」是什麼？

第二章 不再被狠狠拒絕，也不再備感壓力！

——階段①開發新客戶

第三章 讓客戶自然而然地卸下心防！

——階段②破冰

第四章 客戶主動說出真心話和需求！——階段③探詢

第五章 用最省話的方式，贏得客戶的「認同」！
——階段④簡報

第六章

客戶「不下單的理由」陸續消失！

——階段⑤收尾

第七章

將來客戶會自己找上門來說「我想下單」！

——階段⑥跟催

代跋　我最想表達的事

附錄　業務格言一百句

前言 給正在為內向個性煩惱的你。

序　章

第一章

第二章

第三章

第四章

第五章

第六章

第七章

代　跋

附　錄

給正在為內向個性煩惱的你

「個性內向」和「從事業務工作」，應該是一般人都認為很不搭調的組合吧。

我這個人既懦弱又木訥，還很容易緊張，可以說是內向到了極點。大學畢業後，明明知道自己不適合，卻還是選擇投入業務工作。

因為我想將自己置身於艱困的環境，藉此改變從小最討厭的個性。

但實際投入之後，才發現：**我愈想改變自己，愈是天天感到痛苦煎熬、業績不振。**

這也是一種鍛鍊，只能勉勵自己熬過去。

可是這樣煎熬的日子究竟還要持續多久呢……

我就這樣日復一日，過著充滿不安的生活，彷彿在看不到出口的黑暗中摸索，踽踽前行。

這樣侷促不安的我，在某個轉捩點，業績開始突飛猛進，轉眼間竟成為公司的王牌業務員。

連我自己都很訝異。

畢竟從小我就未曾在任何事上拿過第一，卻在這份看似不適合我的「業務」工作上成為佼佼者。

最令我意外的是，我根本「沒有改變自己」，就創造了績效。

以往我拚命改變自己時，業績毫無起色；當我開始用自己原有的內向個性去面對客戶時，業績竟竄升到令人難以置信的地步。

為什麼會這樣？

在我的第一本暢銷書──十年前出版的《內向業務員銷售要訣》中，我有詳盡地解說原因。

後來，在研習課程和講座上，我也使用書中的內容指導學員。隨著時代變遷和業務推廣型態的轉變，我也不斷調整建議的方向。

基本的主軸維持不變，但業務推廣手法和話術呈現等，都更加精進。

本書承襲前述著作談過的一些業務通則概念，搭配現今的業務推廣型態，重新撰寫而成。

就這一層涵義而言，我敢打包票地說：已經讀過我之前作品的讀者，本書內容將幫助他們更上一層樓。

我個性雖然內向，卻在業務工作上繳出了亮麗的成績單——這件事大大地改變了我的人生。

它讓我開始對工作充滿自信，生活和收入也跟著穩定下來。以往，曾覺得註定一輩子打光棍的我，還因此結了婚。不僅是我自己，我指導過的多位內向型業務員，幾乎都成功扭轉人生，反敗為勝。

內向的人，有適合發揮內向特質的獨特銷售法。

如果現在還有人認為個性內向的人當不了業務員，我可以很有信心地對他們說：

「內向者才能勝任未來的業務工作！」

這本書不只是寫給那些正在低迷業績中掙扎的內向型業務員，更是為了那些猶豫自己該不該當業務員的讀者所寫。

期盼本書能成為各位開創人生新局的契機。

沉默業務員訓練師　渡瀨謙

前言

序章　為什麼每個內向型業務員都能繳出「亮麗的成績單」？

第一章

第二章

第三章

第四章

第五章

第六章

第七章

代跋

附錄

曾是典型失敗業務員的我，一舉勇奪全國業績冠軍！

我目前從事的工作，是傳授內向型業務員一些要訣，輔導他們成為「**超級業務員**」。主要的教學對象，是那些個性**文靜**、**木訥**又**怕生**，卻當了業務員，一直為業績委靡不振而煩惱的人。

話雖如此，事實上我本人從小到大，個性一直都很內向。

從小學、國中到高中，我都是班上最沉默寡言的人。

我非常容易緊張，光是在課堂上被點名答題，就會讓我滿臉通紅，汗流浹背。要我向隔壁的女同學說「借我橡皮擦」之類的話，我絕對說不出口。

就是個典型的「溝障（溝通障礙）者」。

但像我這種對溝通有困難的人，竟也能成功找出**內向業務也能業績長紅**的方法，在業務實力屬一屬二的瑞可利（Recruit）公司，拿下全國業績冠軍。

我本來是為了改變自己的個性，才選擇投身業務工作。後來果然不出所料，初期我的業績實在慘不忍睹。

我一再練習說話，只為了想克服自己的木訥。

我背下整套話術，只為了想在客戶面前說得口若懸河。

可是，我的業績卻毫無起色。

周遭的業務同事，個個都是平常就開朗外向、能言善道的人，業績也持續有斬獲，全都是天生就該吃這行飯的那種類型。

這種與生俱來的能力落差，甚至曾令我感到絕望。

「果然業務工作不是我這種人該做的……」

從別家公司跳槽到瑞可利之後，我的業績幾乎連續六個月掛零，整個人對業務工作已經呈現半放棄狀態。

就在這個時候，主管對我說：

「明天我要出去跑業務，你要一起來嗎？」

他邀請我偕同拜訪。

主管願意主動提出邀約當然令人高興，但另一方面，我不禁抱著「你的業務推廣手法根本不值得我參考」的念頭。

因為他個性開朗，能言善道，業績表現總是全國數一數二。

不過既然他開了金口，我便決定隔天和他一起去跑業務。

在偕同拜訪的過程中，我受到很大的震撼。

他的業務推廣模式，和我的想像截然不同。

「不炒氣氛」、「不高談闊論」、「不強迫推銷」。

他平時在公司妙語如珠，總能惹得大家哈哈大笑，但跑業務時卻完全聽不到那些插科打諢，絕大多數的時間都由客戶發言。

有時甚至還出現一大段令人膽戰心驚的冷場。

然而，他就靠著這一套業務推廣模式，業績一路長紅。

那天我們拜訪了三個客戶，全都成功拿到訂單。

在此之前，我一直深信「業務員非得要舌燦蓮花，業績才會滾滾來」。他完全顛覆了我的常識（？）。

沒錯，我就是看了他的表現之後，才領悟「業務不必多費唇舌也能有好業績」這個現實。

從那天起，我便開始找尋**「適合自己這個內向業務的方法」**。

我所做的第一件事，就是「不再練習說話」。

後來我又加入了各種巧思妙招，慢慢開始覺得跑起業務來得心應手。四個月後，我的業績一舉竄升，成功奪下全國第一的寶座。

在〈前言〉也提過，後來我把當年的心路歷程，寫成了《內向業務員銷售要訣》這本書。

內向的人會在哪裡跌倒？都在煩惱什麼？
而這些問題又該如何解決？

我個人最深知其中的苦，所以我有信心能給各位的答案，一定比任何人都正確。

實際上，我最擅長為內向的人改頭換面，讓他們蛻變成「超級業務員」。

截至目前為止，我透過講習課程、研習進修和個別諮詢等形式，指導過上萬人，絕大多數的人都繳出了亮眼的成績單。

從下一節起，就讓我來介紹幾個印象特別深刻的案例。

從全國五百位業務當中的吊車尾，一路闖進前十名！

在中型信用合作社當了五年業務的S（二十八歲）

我第一次見到S，是在我定期舉辦的一個講習課程。

身材微胖，氣質穩重的他，和那些說衝就衝的業務員，是兩種截然不同的類型。他說起話來略帶點北關東地區的口音，更強化了他一絲不苟、誠懇待人的形象。

在講習課程結束後的聯誼餐敘上，我們小聊一下，發現他因為業績低迷不振而傷透腦筋。

主管一天到晚都在罵他，甚至還會對他說：「**你不適合當業務，快改行吧！**」

S已經有五年業務資歷，業績卻始終在全國敬陪末座。

甚至連後進新人的業績都超過他，讓他在公司地位尷尬。

於是他決定來找我做個別諮詢，心想「**如果這次再不行，就不當業務了**」。

從此展開了我們每月一次的線上課程。

S是個非常認真的人，甚至有點認真過了頭。

只要主管一個口令，他就會老老實實地照辦。

當時，主管教他：「總之你就每天都去拜訪客戶，所有客戶都去推銷一輪就對了。」

這件差事讓S覺得痛苦到了極點。

因為以他的個性，實在沒辦法勉強自己去講那些客戶根本不想聽的話。

當然主管也是希望他的業績能有起色，才會教他這樣做。可是，只要他本人覺得痛苦，即使這個方法真的奏效，也不會是長久之計。

於是，我把指導S的重心，放在「破冰」的部分。

因為我認為這是他的弱點所在，若能適度加強，將成為他最大的優勢。

再來，我也建議他改變一些業務手法，讓客戶願意主動找上門，而不是由他大力推銷。

結果真的開始有客戶打電話到公司，指名要找S洽詢。

而且在他設法回應客戶需求的過程中，訂單也陸續湧入——對S而言，這簡直就是最理想的發展。

最後，S在**全國五百位業務當中，業績衝進了前十名**。

據說就連那位叮得他滿頭包的主管，也都來問他「你是怎麼辦到的？」

後來，S接受了其他公司的延攬，跳槽追求更上一層樓的目標。

從「業績不振的業務員」，蛻變成「業務指導講師」

在人力銀行當了七年業務的T（三十二歲）

T讀過我的幾本著作，有一天他針對書中內容來信向我提問，這成了我們結識的機緣。

從信中的文字，不難看出T是個一絲不苟的人。

他提到自己很木訥，個性也比較文靜。

每次只要跑業務碰壁，他都會來信向我討教。

起初我為了幫助他理解，總是長篇大論地回信。

但幾次下來，我開始覺得「這樣下去恐怕會沒完沒了。」

況且他的提問，總是這樣的內容：

「今天客戶對我說了○○。我該怎麼回答？」

「我在破冰時，試著拋出〇〇的話題，結果客戶的反應有些冷淡。是不是〇〇這個話題不好？」

都是針對個案所提出的困擾，要給答案不是不行。

但這些狀況的重現性很有限，就算他記熟了答案，也派不上用場。

想必T學習業務推廣的方式，是想先把所有案例都背下來，臨場再實際運用。

因此，我提出了這項建議：

請他來參加一次我的講習課程。

T需要的，不是表面的業務技術，而是更深層的基礎通則。

因為基礎通則才是業務工作的主軸，訣竅或技術的運用，都是建立在這個主軸之上。

在課程中，我很完整地介紹了這些基礎通則（在本書當中，我把它們稱為「**階段式業務推廣法**」）。

上完課之後，T豁然開朗地回去了。

從此就再也沒有收到他的求教信件。

相信即使再度撞牆碰壁，他也已經懂得如何運用基礎通則當濾鏡，可以自行找到需要的答案。

一年後，我又收到一封他寫來的信。

儘管同樣是來徵詢意見的信件，但內容卻有很大的轉變。

「**託您的福，去年的業績表現，讓我奪下公司的年度大獎**。真的很感謝您，以前只要客戶一開口，我就會猶豫該怎麼應對，如今那份猶豫總算消失了。

在我開始滿懷信心地跑業務之後，業績便逐漸有起色。這一路走來的轉變，主管都看在眼裡，甚至對我說：『**下次的內訓課程，由你來當講師**。』我現在滿腦子都在煩惱這件事。

所以我想請教您，當講師該做哪些心理準備？或有什麼需要留意的地方？懇請傳授一些您的心法。」

我很訝異T竟然要當講師了。

儘管他還是一如往常，有解決不完的煩惱，但似乎已經成功脫胎換骨。這一點很令人欣慰。

據說後來他還到全國各地的分公司巡迴，傳授業務推廣的心法。

用績效讓囉嗦主管無話可說的內向型業務員

大型人力派遣公司的菜鳥業務員Y（二十五歲）

Y是一位相當沉默寡言的業務員。

隸屬於業界首屈一指的人力派遣公司，是個才剛進公司一年的菜鳥。

他惜字如金，與人交談時還會略低著頭，簡單來說就是缺少自信。

這樣的個性，讓他一天到晚都在挨主管的罵。

第一次見到Y，是在我主辦的一場單日研討會上。

我還記得他是一個非常認真聽講的學員。

一年後，他又來參加同一個研討會。

一問之下，才知道原來他是業績新人王，這次除了上課，也來向我們報告這個好消息。

我很意外他才來上過一次講座，就能有這麼亮眼的成績。

但仔細聊過之後，才發現他也吃了不少苦頭。

「我按照您教我的方法，在電話約訪時用平靜的語氣說話，一旁的主管看到了，便一直要我『打起精神來講話！』」

「嗯，這個情況的確很常見。那你怎麼處理？」

「我覺得我自己做的事沒有錯，所以就躲到沒人的會議室去打電話。」

「原來如此，這招高竿！」

「我就這樣約到拜訪客戶的時間，業績也開始有起色。」

「好厲害啊！那你的那個主管怎麼說？」

「業績有起色之後，我就開始在自己的座位上打電話。主管看到了，便很不解地說：『**為什麼那樣咕咕噥噥地講電話，也能約到客戶？**』不過，他也不再開口要求我『打起精神講話』了。」

原來他是用績效讓囉嗦主管無話可說。

又過了一年後，他打了一通電話給我。

「渡瀨老師，能不能邀請您到我們公司演講？」

一問之下，才發現他當業務僅僅兩年，就拿下了全國業績冠軍。

看著他接連繳出亮眼成績，當年罵他的那個主管，竟跑來對他說「**你是怎麼把業績做起來的，快教教大家！**」

他覺得與其自己講，還不如直接請我去開課，便打電話給我。

對我而言，這是個欣喜無比的時刻。

睽違一段時間不見，他還是很文靜，幾乎從不主動發言。

可是這樣的他竟能成為王牌業務員，給了我更堅定的信心。

我試著問了他這個問題：

「你覺得成為『超級業務員』的關鍵因素是什麼？」

他沉思半晌之後，字斟句酌地這麼回答：

「**應該是做值得客戶信賴的事吧？**」

光是這個答覆，就足以看出他是個什麼樣的業務員。

業務員要做的，不單單只是「把東西賣出去」，而是以「贏得客戶信任」為目標。如此一來，努力的結果自然會反映在業績上。

很感恩的是，那家公司後來也持續請我過去開課。

當然還有很多諸如此類的案例，以上幾位，是我見過的內向型業務員當中，印象特別深刻的。

本書後續內容精彩可期，敬請各位拭目以待。

我把過去傳授給這些內向業務的知識精華，全都寫進了這本書。保證各位讀完之後，即使個性再怎麼內向，都能成為「超級業務員」！

各位準備好了嗎？

那麼接下來，就讓我們趕快進入正題吧！

第一章 維持內向個性，也能業績長紅的「階段式業務推廣法」是什麼？

「內向者＝不適合當業務」!?大錯特錯！

直到現在，我才敢在眾人面前坦承：「我是個內向者！」以往，我會儘量不讓這樣的個性暴露出來。

從小到大，一直都被要求「**開朗一點！**」、「**有活力一點！**」、「**更積極一點！**」，所以難免在心裡烙下「我原本的個性不好」的印象。

我做什麼事都沒自信。每次和別人比較，就只會注意到自己不如人的地方。

「**我想改變自己！無法改變的話，我想重新投胎，讓自己重新來過！**」

我獨自抱著這樣的念頭，長年來過著苦悶的生活。

而為我帶來解脫契機的，就是「業務」這份工作。

一直以來，社會大眾普遍認為業務工作是「開朗有活力又積極的人」的代名詞。

那些參加運動類社團、在餐敘等活動上負責炒熱氣氛的人，幾乎都會被說是「適合當業務」。

至於相反類型的人，就會被說是「**不適合當業務**」。

我當然是屬於後者。

可是，我想包括我個人在內，很多內向的人，都為「內向者」和「業務工作」這兩相衝突的印象而大感苦惱。

- 明知自己不適合，卻被分配到業務部。
- 既然沒什麼特別想做的事，那就先當個業務員。
- 既沒證照也沒專長，工作選項就只剩下業務。

想必大多數的人，都是這樣當上業務的吧。

當然其中也有這種積極向上的人：

- 為了改變自己的個性，刻意選擇業務工作。
- 將來想獨立創業，所以先學學怎麼跑業務。

不論投入業務工作的原因為何，只要內向者當了業務員，必定會碰上幾個難題。

「聲音太陰沉！給我拿出活力來打電話！」
「聲音那麼小，怎麼拿得到訂單！」
「衝勁不夠！給我拿出毅力來！」

這些話語，我不知道被說過多少次！

它們就像是在否定我的人格，每次聽到，我都會變得很消沉。

被迫改變自己原有性格，對內向型業務員而言，這種經驗應該算是家常便飯了吧？但如此一來，我們就會把心力傾注在「改變自己」，而不是努力提振業績，最終可能導致業績變得更差。

不過，各位可以不必再為這件事情吃苦頭了。

看了我在序章介紹的幾位內向型業務員之後，各位應該可以體認到一點：「內向者業績不會好」是個錯誤的觀念。

我敢斬釘截鐵地說：

各位的個性和習慣，一點都不需要改變！

甚至我認為，今後內向型業務員的業績表現，會比其他人更出色。

因為這毫無疑問是個事實。

風向開始轉變，對內向型業務員愈來愈有利

各位是否也感受到這個變化了呢？

近來，打到公司推銷的電話數量大不如前。

同樣地，臨時上門來做無預約拜訪的業務員也減少許多。

原因在於企業開始發現，原來這些工作當中有很多無謂的浪費。

憑著一股衝勁和毅力到處打電話，或明知會吃閉門羹，卻還是一再無預約拜訪、推銷產品，到頭來根本無法帶來實質績效。

不僅如此，業務員也紛紛因為疲憊不堪而辭職求去。

無論再怎麼開朗地和客戶套交情，在現今社會已經是行不通的策略。

換句話說，各位已經不必再勉強扮演開朗業務員了。

而帶來這一波變化的契機，就是「網際網路」。

實際上，以往由業務員親自處理的工作，現在大都可以在網路上完成。

「我帶壓箱底的大消息來囉！」

業務員再怎麼明朗地吆喝，也打動不了客戶的心。

畢竟現在想要知道什麼消息，用智慧型手機搜尋一下就有，沒必要特地花時間聽業務員說話。

那些打著提供資訊的名義，想借機推銷產品的業務員，在這個時代已沒有存在的必要。

更何況是那些用可疑手法，想找機會和客戶拉關係的業務，客戶更是會提高警覺，連見一面都不肯。

業務員愈是帶著笑容走近，客戶愈會避之唯恐不及。

再加上電話詐騙和匯款詐欺等犯罪的橫行，更加深了客戶對業務員的排斥。儘管網路和電視等媒體上到處可見「小心可疑人士！」的廣告，提醒民眾留意，但這些詐騙手法的不法所得金額年年攀升，是不爭的事實。

也因此民眾的警覺性都已大幅升高，尤其是對陌生人的電話、拜訪或電子郵件。受到這些因素影響，連正派的業務員都被客戶拒於千里之外。

當身處的環境已出現上述這些轉變時，如果業務員只是一如既往地裝出開朗有活力的模樣，恐怕只會讓客戶更加速走避。

那麼，在未來，業務員有哪些千萬不可犯的大忌呢？

我認為有以下幾點：

- 勉強堆出滿臉笑容，佯裝開朗。
- 逢人就推銷。

- 滔滔不絕地說明，完全不給客戶插嘴的機會。
- 被拒絕還死纏爛打。

這些都是過去內向型業務員最不擅長做的事。在後面的章節當中，我們會再詳加探討這些項目。各位只要觸犯其中任何一項禁忌，客戶就會立刻表現出排斥的態度，導致最後拿不到訂單。

相反地，未來工商企業需要的會是這樣的業務員：

- 誠實不欺。
- 針對客戶有興趣的事項，精準地提供建議。
- 願意安靜地傾聽客戶的想法。

也就是說，內向業務員的強項，才是未來業務員在業務推廣時該有的樣貌。

想必在不遠的將來，大家口中適合從事業務工作的人，應該會是「文靜」、「沉著穩重」而「認真」吧。

風向的確變了，開始轉而對內向型業務員有利。

接下來，就讓我們更具體地來探討內向者具備哪些有利特質吧！

在業務工作上如魚得水的五大內向型特質

在社會生活中，「內向個性」總不免讓人擔心它可能帶來的負面影響。

甚至可能很多內向者只看到自己的缺點，而把原有的優點全都鎖進了內心深處。

但其實只要冷靜觀察，就會發現內向者在業務推廣時，有五大優勢可以派上用場。

建議您在閱讀本段內容的同時，不妨也對照一下自己的個性。

認真嚴謹，所以能放心託付

內向型的人並不擅長與人談笑風生，容易被旁人形容為「太過嚴肅、個性無趣」。

不過，在業務員的世界裡，「個性開朗」並不是太重要的元素。

假設現在公司有一個攸關未來興衰的大型專案要找人負責。

一位候選人是開朗陽光的業務員。

只要這位陽光男士一現身，辦公室就會頓時熱鬧起來，擄獲不少女同事的芳心。

另一位則是工作腳踏實地，但認真嚴謹得有點過頭，個性很無聊。您會把專案交給誰呢？

相信愈是重要的專案，愈會選擇交給認真嚴謹、可放心託付的員工吧。

不善言辭，所以更懂得傾聽客戶意見

能言善道的業務員，反而往往會因為幾句花言巧語而吃虧。

因為客戶信任的，是那些願意貼心傾聽他們意見的業務員。
而木訥口拙的內向業務員，在業務洽談時多半是扮演傾聽者的角色。
他們的傾聽能力向來比發言能力高出許多。
這樣的狀態，對客戶而言簡直是求之不得。
「懂得傾聽客戶意見」堪稱是最適合當業務的一項人格特質。

個性懦弱，所以不會強迫推銷

當各位挨罵時，會做出什麼反應呢？
我會忍氣吞聲，什麼話都不敢說。
因為我這個人很懦弱，根本無法開口回擊。
「要是我勉強客戶配合或強迫推銷，說不定會觸怒客戶，挨一頓罵……」
願意這樣想的心意是很重要的，畢竟強行推銷到頭來只會失去客戶。
如果不夠軟弱，就無法成為「超級業務員」。

很神經質，所以能顧慮到細節

以前我只要看到大而化之又豪爽的人，心裡總會覺得：「要是我的個性也能像他一樣，天不怕地不怕就好了。」

不過，現在我已經不這麼想了。

因為我有過好幾次千鈞一髮的經驗，都是靠注意細節才得救。

做事能繃緊神經，連小地方都顧慮周全，就表示疏漏和錯誤發生的機率更少。還能因此贏得顧客的信賴。

所以「神經質」這項特質，在業務工作上是很有益的。

重視顧客感受，所以不會做出自私自利的舉動

「太過顧慮別人」正是內向者的特質。

我們打從心裡害怕惹惱客戶。

沒先確定客戶感受之前，我們根本不敢擅自開口說明。具備這種特質的人，最適合當業務。先確認客戶的意願，再針對客戶需求，提供最低限度的說明。

當你學會這些業務基本功，就可以說是已經領先同事好幾步了。

以上僅先就內向者的主要特質與業務工作之間的搭配關係，進行概略的介紹。

我看過很多內向型業務員，包括過去的我在內，都有個共同的問題：沒有充分發揮自己與生俱來的優勢。

絕大多數的內向型業務員甚至（被教育成）將自己的優勢當作缺點，在業績低迷的泥沼裡愈陷愈深。

想成為超級業務員，並不需要能言善道，也不需要勉強自己佯裝開朗，更不需要過人的膽識和毅力。

只有保留自己原本的內向個性，才能成為「超級業務員」。

這一點才是最重要的關鍵，請各位務必銘記在心。

在下一節當中，我將說明當年助我一舉登上「王牌業務」寶座的「**階段式業務推廣法**」。

請各位仔細讀下去。

由六個階段組成的「階段式業務推廣法」

大家普遍認為，業務工作就是「去看那些業績好的人怎麼做，模仿他們的做法，就能學會。」

這種觀念不是不對，但其中隱藏著幾個危險因子。

畢竟若以業績長紅又開朗有活力的業務員當範本，難免會流於模仿他的談吐或神態。

選擇模仿個性相似的人，較有機會做出好成績；找個性和自己南轅北轍的人當範本，光是模仿一些表面工夫，很難做出理想的成效。

為什麼呢？

因為要當個「超級業務員」，「關鍵」不在於談吐或神態等看得到的地方。

如果掌握不到關鍵，就算再怎麼做足表面工夫，還是拿不到訂單。

但很可惜的是，這裡所謂的「關鍵」，隱藏在難以察覺之處。

就連很多績效斐然的業務員，都是在沒有自覺的情況下力行此「關鍵」，因此更令人難以發現。

當年發現這個「關鍵」時，正好是我在瑞可利為業績發愁的時期。

我在序章也曾提過，當年主管讓我看到他那充滿震撼的業務推廣手法之後，我便去找其他滿手訂單的業務員，一個個地拜託。

拜託他們讓我偕同拜訪。

剛開始轉換跑道到瑞可利的時候，我其實也曾跟著每位業務員偕同拜訪。

只不過那時的我，看的都是「話術真高明！」或「原來是要這樣炒熱氣氛啊！」

等等，只將自己的注意力放在大家的話術。

這次的偕同拜訪，我打算仔細觀察超級業務員的**業務推廣流程**，而不是關注他們說出口的字句。

直到這時，我才逐漸看出一點端倪。

「這個業務和那個業務，說的內容不同，做的事也不同，但目的是一致的。」

呈現手法固然因人而異，但大家的目標是一樣的。

那麼我這個內向的人，該怎麼做才好呢？

我實際試了一下他們做的事，發現效果超乎想像。

- 那些以往根本沒興趣聽我說話的人，竟開始身體前傾、興趣勃勃地聽我說話。
- 客戶的排斥感消失。
- 客戶開始願意提問。

後來我的業績扶搖直上，還一舉拔得頭籌。

但我所做的就只是找出超級業務員不自覺地執行的那些「關鍵」事項，再把它們重新調整為我這個內向者也能做到的形式罷了。

那麼，究竟「關鍵」是什麼？

其實就是下一頁所介紹的「**階段式業務推廣法**」。

各位以為如何？

都是些早就知道的老生常談，是否讓您大失所望？

只要是業務員，我想這些應該是大家平常都在做的事。

只不過，所謂的「**都在做**」這件事，是個難纏的狠角色。

究竟是只有「單純」地做，還是「有意識」地執行？兩者可是大相逕庭。

例如業務員在實務操作時，是否已經知道和客戶洽談時為什麼要破冰？怎麼做才能達到效果？

或者是否認為簡單易懂、仔細親切的說明，就是最好的簡報？

在「階段式業務推廣法」當中，每個階段都有明確的目的。

「階段式業務推廣法」的全貌

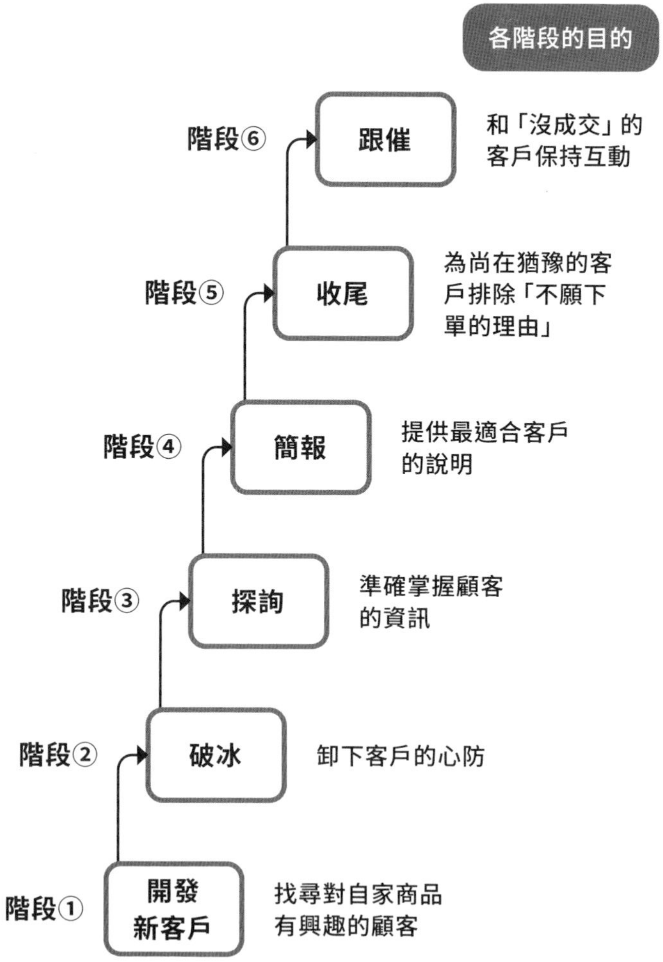
各階段的目的
階段⑥
跟催
和「沒成交」的客戶保持互動
階段⑤
收尾
為尚在猶豫的客戶排除「不願下單的理由」
階段④
簡報
提供最適合客戶的說明
階段③
探詢
準確掌握顧客的資訊
階段②
破冰
卸下客戶的心防
階段①
開發新客戶
找尋對自家商品有興趣的顧客

這一套方法只要腳踏實地，確實完成每一個階段即可，最適合個性謹慎的內向型業務員。

實際把這一套「階段式業務推廣法」試用在客戶身上之後，我受到很大的震撼。

我心想：「**以前那些讓我吃足苦頭的做法，到底是在搞什麼呀！**」

因為我接單接得實在太順了。

當時的那份快感，我至今仍難以忘懷。

衷心期盼各位也能嘗到那樣的滋味。

每個階段之間有什麼關聯？

接下來，就讓我們針對每一個階段，逐一深入地探討。

在前面那張圖表當中，各位覺得哪裡才是整個業務工作的終點呢？

所謂的終點，就是要讓客戶願意下單。而要讓客戶願意下單，該把目標鎖定在什麼地方呢？答案是「**簡報**」。

「欸？不是收尾嗎？」

我彷彿已經聽見各位的質疑。

這個意識的差異，也是業績好壞的一道分水嶺。

業績好的人，會隨時提醒自己要做最適合客戶的說明；相對地，業績差的人，就只想著要向客戶推銷。

稍後我會從客戶決定下單的場景回溯階段式業務推廣法的工作流程，並解釋這兩者的差異何在。

④ **簡報**

首先，要讓客戶願意開口說「我要下單！」，就得讓客戶覺得**好想要**我們的商品（服務）才行。

因此，我們需要安排一場能打中客戶芳心的「④ **簡報**」。

這場簡報不只是要說得精彩，關鍵是如何做出最適合客戶的說明。

「對對對，我就是想聽這些！」

如果客戶這樣說，我們的簡報也比較容易繼續進行下去，是吧？

要對著無心聽講的客戶，若無其事地繼續說下去，這對內向型業務員而言，無非是一場折磨，況且也不尊重客戶。

所以，我首先思考的是：我該怎麼做，他們才有興趣聽我說？

左思右想之下，我決定以「**為客戶做一場專屬的說明**」為目的。

為達到這個目的，我們必須對客戶有正確的瞭解。

③ 探詢

要正確地瞭解客戶，就需要在簡報之前進行「③ **探詢**」。

它是一個深入瞭解客戶的機會。

不過，客戶不見得會有問必答，開誠布公。

我想各位應該也有過類似的經驗，知道客戶很容易隨口胡謅。

其實他們並沒有什麼惡意，只是因為老實回答就會被推銷，為了避免麻煩，便隨口扯謊，算是一種出於本能的防衛。

為什麼會這樣？

因為客戶對業務很有戒心。

「我可不會這麼容易上當！」

面對內心這樣警戒的客戶，不管我們提出什麼問題都沒用。

換句話說，在提問之前，我們需要先卸下客戶的心防。

② 破冰

要卸下客戶的心防，就要先「**② 破冰**」。

也就是談生意之前先來場「**閒聊**」。

內向者多半不擅長與人閒話家常。

但「破冰」並不是一個適合講笑話炒氣氛的時機，稍後我會再為各位解釋為什麼。

破冰的目的，就只是要「**卸下客戶的心防**」而已。

各位也先不必擔心，之後會再介紹這個階段專為內向型業務員量身打造的閒聊方法。

一開始先破冰，接著順利進入「探詢」階段，之後更能精準地展開簡報。

因此階段②～④的順序是不變的。

到這裡為止應該沒什麼問題吧？

⑤收尾

而「**⑤收尾**」則是在簡報過後，「**視情況需要**」進行的階段。

這也是內向型業務員很不拿手的部分。

不過這裡所謂的收尾，並不是要強迫不肯買的人下單。

似乎有很多人都以為這個階段是說服客戶點頭的良機，但在「收尾」階段真正要做的，其實是「**為尚在猶豫的客戶排除『不願下單的理由』**」。

所以，不死纏爛打的人反而能處理得更漂亮。

前面介紹的四個階段（②～⑤），都是屬於「**洽談**」的部分。

也就是客戶和業務員面對面接洽的時候。

換句話說，在這期間主管不會看到洽談過程，沒人能檢核各位做了什麼事。

講得更直接一點，這一套洽談流程是否按部就班地進行，對最後的業績結果至關重要。

但只要如實完成這四個階段，就能讓所有客戶都乖乖下單嗎？答案是否定的。

當然還是會有人不下單。

但沒下單也無妨。

⑥ 跟催

針對沒下單的客戶，我們要做的是「**⑥ 跟催**」。

這裡所謂「沒下單的客戶」，指的是「沒有**當場**立刻下單的人」。

有些客戶隔了一段時間之後，會改口說「要下單」。因此我們和客戶保持互動，一方面也是為了等待他們回心轉意。

在洽談過程中，只要我們透露出些許「要當場拿到訂單」的企圖，這段互動關係就會劃下句點。

「**這個業務動不動就推銷，我不想和他見面。**」

一旦讓客戶萌生這樣的念頭，後面業務員就很難再登門拜訪。

拿訂單的確是業務員的工作，但當我們把想拿訂單的心情全都寫在臉上時，便無法成交——它就是有這些細膩的「眉角」。

但若能將這些「眉角」打點妥當，就能為自己創造機會，讓原先沒成交的客戶，願意回頭再找我們下單。

至於那些已下單的客戶，持續跟催當然也能帶來回購或引薦的機會。跟催的客戶數量（潛力客戶）愈多，愈能掌握未來可能進帳的業績，業務推廣也會跟著變得輕鬆許多。

因此，別急著每次都要當場推銷、成交，心態上保持「**沒成交的話，繼續跟催就好**」的從容，將為後續的業務工作創造正向循環。

① 開發新客戶

要打造上述這樣的業務循環，當然就需要有可以洽談的客戶。這階段的工作就是從零開始累積客戶，也就是「**① 開發新客戶**」。

我們不僅要拜訪那些馬上就能成交的客戶，也要約將來可能有機會下單的客戶見面。

這個階段要做的，是找出一些有機會長期穩定合作的新客戶。

一般常聽到的電話約訪、無預約拜訪，都是這個階段工作的一環。

想必有很多內向型業務員都不擅長做這些事。

不過，請各位放心。

在下一章當中，我會向各位介紹一套既不會被狠狠拒絕，也不會帶來任何壓力的新客戶開發手法。

以上就是階段式業務推廣法的整套流程。

我將整套流程簡單匯整如下頁圖表所示。

這種業務推廣手法的基本概念，是要和洽談過一次的人長期往來，並讓他們下訂單，而不是對著眼前的客戶拚命推銷。

要能做到這樣，最重要的是業務員與客戶之間的信任。

因此上述這六個階段，其實也是在**深化業務員與客戶互信的過程**。

「階段式業務推廣法」的流程

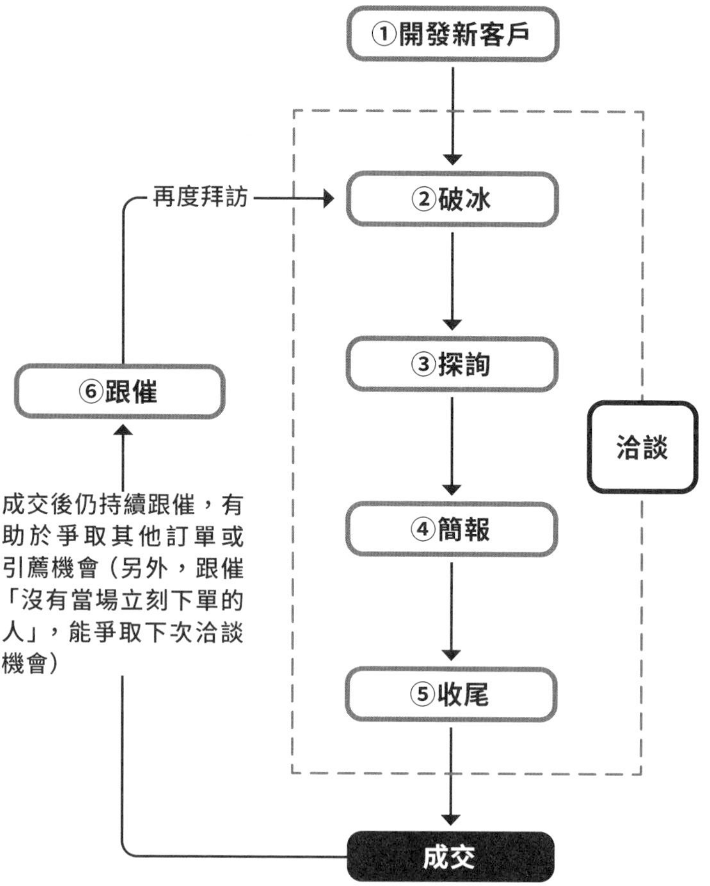

在未來的業務工作上，「贏得客戶信任的技術」會變得比「銷售技術」更重要。

而內向型業務員就該以這種業務推廣型態為目標。

培養「適合內向者的紮實業務功力」，就趁現在！

讀到這裡，各位覺得怎麼樣呢？

本章所說明的，是這本書的整體樣貌。

請各位只要先有個大致的概念即可。

這裡我要請教各位一個問題：

您滿意自己現在的狀態嗎？

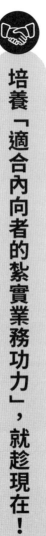

為什麼我會這樣問，是因為很多內向型業務員，過得比一般業務員都還要痛苦。痛苦的原因，不只是因為他們接不到單，更來自「主管的斥責」、「同事往來」和「自己的個性」等，有著數不盡的煩惱。

或許各位也有這種想逃離現狀的心情。

可是，正因為這樣，我更希望各位要牢記一件事：

只要學會階段式業務推廣法，別說是自家商品或服務，任何產品到各位手上，都能暢銷熱賣。

這一點至關重要。

舉例來說，各位現在任職的公司，有可能突然倒閉。

這時，只要各位已經學會階段式業務推廣法，到哪一家企業都能做得來。

想當初我感覺到「任何商品到我手上都能暢銷」的自信時，心裡真的放下了一塊大石。

我當然不是鼓勵各位換工作，不過，只要各位學會「**適合內向者的紮實業務功力**」，就沒什麼好怕的了。

各位可以給討人厭的主管一點顏色瞧瞧，也可以和他分道揚鑣，從此不相往來。

反之，也常有主管在發現部屬業績突飛猛進之後，態度出現一百八十度的大轉變。

甚至你還可以拿到更符合績效表現的薪資。

既然各位已經拿起了這本書，還願意讀到這裡，衷心期盼各位都能成為「**在任何地方都能展現實力的業務員**」。

況且要實現這個目標，其實出乎意料地容易。

那麼從下一章起，就讓我們進一步探討詳細內容吧。

第二章 不再被狠狠拒絕，也不再備感壓力！
——階段①開發新客戶

今後開發新客戶，再也不需鼓足衝勁或毅力

「給我再多去拜訪幾次！堅持到成交為止！」

「不准掛斷電話，被拒絕就馬上再打下一通！」

一聽到「開發新客戶」這幾個字，我就會想起以前主管說過的這些話，渾身都覺得不對勁。

在業務推廣活動當中，開發新客戶是最會被要求拿出衝勁和毅力的工作，所以我對它特別反感。

正在翻閱這本書的各位讀者，恐怕也都不喜歡電話約訪或無預約拜訪吧。客戶都已經擺明了不喜歡，我們這些業務還要去死纏爛打，是人都會覺得痛苦。

「**可是不開發新客戶，我們要到哪裡去跑業務？這也是無可奈何的事啊！**」話是這麼說沒錯。

尤其是那些剛開始跑業務不久的人，或是為了業績不好而發愁的人，不開發一

些新客戶，後面就沒戲唱了，因為根本沒有業務可以跑。

再怎麼痛苦，也只能咬牙拚了……

今天也得要鼓起勇氣，去按下人家的門鈴……

對內向型業務員而言，這簡直是一堵拔天參地的高牆，倏然聳立在眼前。

不過，這些都不再是問題了。

只要確實執行我推薦給各位的這一套「調查型新客戶開發法」，就能輕鬆找到新客戶。

舉個例子，有一位業務員以往大概要打一百通電話才能約到一家客戶見面，用了這一套方法之後，馬上進步到每打五通就約到一家的水準。

又或者，過去每次無預約拜訪都吃閉門羹的業務員，進步到能和所有見到面的客戶聊上好一陣子。

或許各位會覺得「最好是有那麼厲害！」

但這些都是真實案例。

當然效果多少會因為業種或環境因素而有若干差異，但我輔導過的對象，幾乎每個人試過之後都有效。

況且這個方法帶來的壓力低得驚人。

它也不需要業務員鼓起無謂的勇氣，是最適合內向型業務員的方法。

接下來，就讓我們趕快來看看它的詳細內容。

一針見血老實說！開發新客戶的用意究竟是什麼？

首先，我想和各位再次確認「開發新客戶」（又稱為**陌生開發**、**開拓新客源**）究竟是什麼樣的工作項目。

這裡要請各位再次參閱第五〇頁的「階段式業務推廣法」示意圖。

開發新客戶的目的，是要「找尋對自家商品有興趣的客戶」。

要儘可能找出成交機率高的潛力客戶。

不是只要能見面，隨便約到誰都好。

如果只是偶然約到時間，實際見了面之後發現對方對自家商品毫無興趣，那就只是浪費雙方的時間和精力而已。

可是，當我們一直約不到人見面時，心態上難免會流於「**找尋願意見面談談的客戶**」。

我在瑞可利時期就曾有過這樣的經驗。

當時，周遭的其他業務都紛紛約到客戶，出門拜訪去了，我卻還在不斷地打電話，一再地被拒絕，內心焦急不已。

後來偶然約到了一個客戶，我便喜孜孜地衝去拜訪。

客戶所在的地點相當偏僻，我搭電車又轉公車，好不容易抵達目的地一看，發現竟是一家特種行業。

當時瑞可利推出的徵才雜誌，明文規定不得刊登特種行業的徵才廣告。

「那你怎麼不早點說啊！」

我至今仍記得那天被罵得狗血淋頭後，徒勞地離開。

要是我一開始就在電話中問清楚客戶公司的業務內容，事情應該就不會演變成這樣。

我學到了很寶貴的一課。

「開發新客戶」的目的，說穿了就只是在找出可能成為客戶的對象罷了。後續的事，就留待之後的階段再推進。

所謂的「找」客戶，其實就是「調查」。

調查做得夠不夠徹底，將決定開發新客戶的成果，究竟是上天堂還是下地獄。

階段①開發新客戶的用意

目的▶找尋對自家商品有興趣的客戶

重點

- 把推銷等具「業務推廣嫌疑」的行為悉數刪去
- 貫徹「找尋」客戶的工作

開發新客戶的流程

流程	說明
想增加新客戶	在剛開始從事業務工作，或沒有客戶可跑等狀況下，想增加新客戶時操作。
↓	
評估約訪的方法	評估符合市場和業務個人需求的方法，例如電話、傳真、電子郵件、傳單、無預約拜訪等。
↓	
開發新客戶	找尋對自家商品有興趣的客戶。
↓	
約訪成功	客戶同意見面洽談。
↓	
準備登門拜訪	準備拜訪時需要的資料，或事前需要的資訊。

先搞清楚「銷售型」和「調查型」的差異

接下來要講解的，是本章的核心。

這個部分非常重要，請各位務必仔細閱讀。

這裡我會以「**電話**」這個開發新客戶的方法為例（其他還有無預約拜訪、傳單、傳真、電子郵件、官方網站等方法，基本概念都一樣）。

假設現在有一通電話打進了各位任職的公司。

這通電話可以分為兩大類。

來自「認識的人」，或來自「不認識的人」。

所謂「認識的人」，是原本就互相認識，平常就會打電話聯繫的人，例如現有的客戶或廠商等。

這一類的電話，只要像往常一樣客氣有禮地接聽即可。

那些「不認識的人」打來的電話，才是問題。

因為這種電話，基本上就只有兩種可能——「推銷電話」和「洽詢電話」。

這裡我要請教各位一個問題。

接到陌生人打來的電話，您會怎麼回應？

如果是打來「推銷」的，想必大多數人都會回絕。

畢竟碰上死纏爛打的推銷很麻煩，各位也沒空聽對方說個沒完沒了。

況且就算回絕了，多半還是會讓人覺得不舒服，是很不受歡迎的來電。

那麼，當另一種可能——「洽詢電話」打來時，您會怎麼回應？

這種就會客氣有禮地回應了吧。

對方說不定會成為我們的客戶，所以當然不能怠慢。

這種電話可說是求之不得。

銷售型和調查型的差異

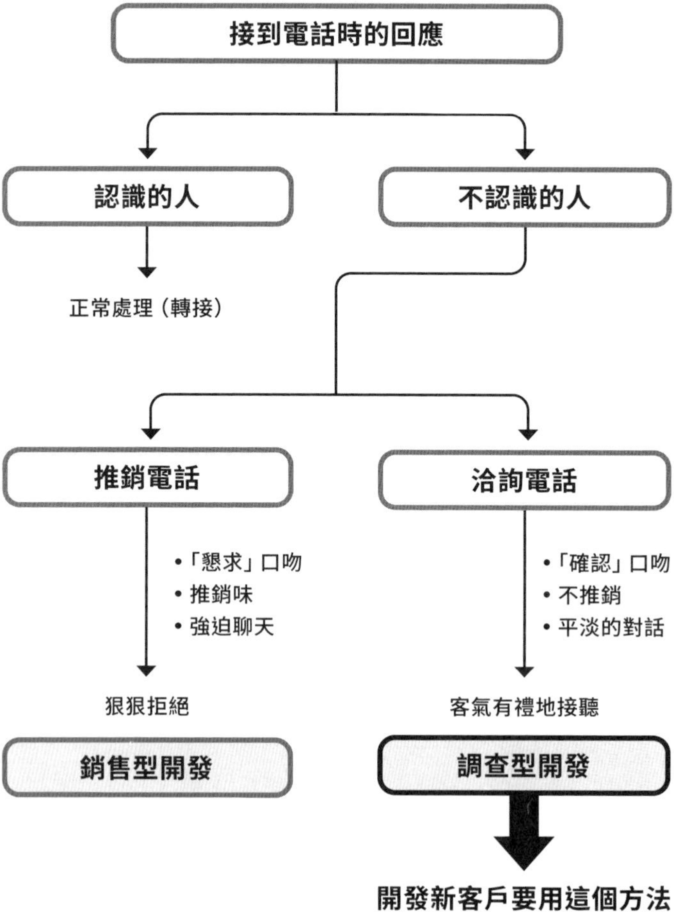
接到電話時的回應
認識的人
正常處理（轉接）
不認識的人
推銷電話
•「懇求」口吻
•推銷味
•強迫聊天
狠狠拒絕
銷售型開發
洽詢電話
•「確認」口吻
•不推銷
•平淡的對話
客氣有禮地接聽
調查型開發
開發新客戶要用這個方法

這裡先讓各位有這樣的觀念：同樣是陌生人打來的電話，我們也會因為對象不同而做出兩種迥異的回應。

附帶一提，我把前者稱為「**銷售型開發**」，後者稱為「**調查型開發**」。

如果各位平時都用電話約訪開發新客戶，而且常常被拒絕，表示各位用的方法是銷售型開發。

「我就是在做業務推廣，所以當然是銷售型開發呀！」

各位應該會這樣想吧。

不過，從客戶的角度來看，回絕推銷電話幾乎已是常識。

換言之，選用銷售型開發手法的業務員，明知會被客戶拒絕，卻還是窮追不捨。

但這樣真的好嗎？

不僅成效相當有限，人在屢戰屢敗之下，難免會感到沮喪。

既然電話約訪是開發新客戶的手法之一，那麼對接到電話的人而言這就是「不認識的人」打來的電話。

還有，「銷售型開發」是一定會被回絕的。

這樣看來，想讓客戶接受而不被狠狠拒絕的話，就只能用另一個選項，也就是

「調查型開發」。

「你的意思是要我們打電話過去，假裝有事洽詢？」

不不不，我不是這個意思。

其實所謂的電話約訪（泛指各種開發新客戶的手法，不限於電話約訪），本來就是一種洽詢。

開發新客戶的目的，是要「**找尋對自家商品有興趣的客戶**」，對吧？

而所謂的「找尋」，換言之就是「調查」。

「我們有這樣的特色商品，正在找尋有興趣的客戶。如果您有興趣的話，我可以親自過去說明，不知道方不方便？」

這就是調查型開發的態度。

我們不是推銷，而是要貫徹洽詢的立場，好讓客戶做出和以往截然不同的回應。

相對地，如果我們在電話溝通時的口吻，透露出半點「推銷味」，對方就會很敏感地察覺到「這是推銷電話」，進而提高警覺。

如此一來，我們恐怕連想要和客戶正常聊幾句都辦不到。

要約到拜訪見面的時間，難度就更高了。

從這一層涵義上來看，開發新客戶時所撥打出去的電話，還是要用「調查型開發法」才合理。

各位認同前面這些論述嗎？

在下一節當中，我會再做一些說明，讓各位更容易瞭解。

客戶都是能一眼看穿「銷售型開發」的專家

「要是真有可以成功約訪，不必被狠狠拒絕的方法，那當然最好。」

應該所有內向型業務員都會這樣想吧？

那麼，銷售型和調查型的開發手法，究竟有什麼差異？

這裡我希望各位聚焦在「客戶的內心世界」上。

首先，請各位看看這個常見的電話約訪案例：

業務員：「冒昧打擾！感謝貴司一直以來的關照，我是東京商事的鈴木。」

客戶：「您好。」（**這個人我不認識欸……是客戶，還是推銷？**）

業務員：「我今天打電話來，是想向貴公司介紹一個很划算的電信服務。」

客戶：「喔，好……」（**說不定是推銷？**）

業務員：「不好意思，在您百忙之中打擾。貴公司總經理在嗎？」

客戶：「要談什麼內容？」（**果然是推銷！該怎麼回絕？**）

業務員：「我是想介紹敝公司獨家的電話節費服務，很希望能有機會向貴公司說明，所以才打這通電話。」

客戶：「原來如此，但總經理目前外出。」（**怎麼可能把這種電話轉給總經理啊！**）

業務員：「這樣啊？那負責貴公司電話線路業務的承辦人員呢？」

客戶：「他也不在。」（**真是死纏爛打欸**）
業務員：「我知道了，那我改天再聯絡。」（喀嚓）
客戶：「……」（**這種電話真是煩死人了**）

各位覺得怎麼樣？
不論是作為業務員或客戶，各位應該都有過這種電話往來的經驗吧？
如果仔細觀察客戶的心理，各位就會發現雙方談得愈多，客戶的態度愈顯冷淡。

當客戶發現打這通電話的是業務員時，馬上就會打開「回絕模式」的開關。

而且這個開關一旦打開，就無法復原。
這就是銷售型開發手法的特色。
接下來，我想再請教各位。
為什麼案例中的客戶，會知道這是推銷電話呢？
業務員並沒有自稱是業務吧？

但這位業務還是立刻就被識破了。

其實是在這位業務員所說的話當中，有好幾個足以讓人識破這是推銷電話的元素。說得更具體一點，就是讓人嗅到一股「**推銷味**」。

「推銷味」會在這些地方露餡

讓我們再重新檢視剛才那位東京商事的鈴木先生，究竟說了什麼。

乍看之下似乎是稀鬆平常的對話，當中卻出現了許多業務員才會用的說詞，而這些就是「推銷味」。

「冒昧打擾！」

這句話一說出口，對方就知道是陌生人打來的電話，腦中便只剩下「推銷」和「洽詢」這兩個選項。

不過一聽到充滿活力的語氣，就會先抱持是推銷電話的懷疑。

「感謝貴司一直以來的關照」

這不是平常會對初次見面對象說的話。

這句每位業務員習以為常的問候，馬上就會讓對方覺得這個人「應該是打來推銷的」。

「不好意思，在您百忙之中打擾」

這也是業務員特有的說詞，一般人不會對第一次聯絡的對象說這樣的話。

何況對方究竟忙不忙，我們根本無從得知。

「總經理、業務承辦人員」

就算是第一次打電話聯絡，需要請對方公司人員轉接時，通常都會說出對方的姓名。「總經理、業務承辦人員」這種說法，顯然就是在昭告天下：「這通電話是打來推銷的。」

在「開發新客戶」這個不該推銷的時機（調查），只要我們稍微透露些許推銷味，客戶就會察覺到不對勁，認為「**這聽起來像是推銷電話**」而提高警覺。

一旦客戶提高警覺，心態就會轉為「回絕模式」，結果當然就是約訪不成了。因為客戶早在一開始接起電話時，就已經決定要回絕了。

說話的抑揚頓挫也要檢查

在前一節當中，我們看了幾個會讓人嗅到「推銷味」的說詞。除了這些說詞之外，還有其他會讓客戶提高警覺的因素。

某家企業的業務部員工，決定展開電話約訪任務。

當然我已經幫他們上過課，訂定談話方向和推進程序，也讓所有人都練習過了。

重點就是要用平靜的語氣，若無其事地把既定的說詞講出來，不能散發半點「推銷味」。

於是所有人就這樣開始他們的約訪任務，但這群業務員的表現馬上就出現了落差。

有人順利約到客戶見面拜訪，也有人連話都還沒說，電話就被掛斷。

畢竟每個人遇到的對象不同，能不能成功約到客戶，很難盡如人意。

但是會不會讓客戶提高警覺這點，其實是業務員可以自行調整的。

那些電話很快就被掛斷的人，可見言談之間還留有一些推銷味。

我負責照顧整個業務團隊，明白個中原因，但當事人似乎搞不懂自己為什麼會出師不利。

順帶一提，這位業務還是團隊當中的老手，業務經驗相當豐富。

於是我對他提出了這樣的要求：

「請你把既定的說詞平鋪直敘地唸出來，不要有任何抑揚頓挫。」

他「啊？」了一聲，露出不服氣的表情。

想必在他的業務生涯中，從來沒被要求過要平鋪直敘地說話吧。

「我沒刻意加重抑揚頓挫啊！」他說。

「業務員的習慣很難完全根除。例如你說『敝姓～』時，句尾的音調就有略微上揚。」我很具體地指出他的問題。

我請他特別留意句尾音調，再繼續打電話。

結果，他一反先前的窘態，開始順利地與對方交談。

打完電話之後，他眉開眼笑地說：

「**對方很自然地應對我的電話，所以我們自然就聊起來了。這是我第一次在電話約訪時，獲得這樣的對待。**」

他這才體會到「消除『推銷味』」的用意何在。

每次我在講習課程等場合分享這個例子，總會有很多業務員露出一臉「真的假的」的表情。

平時除了直接面談之外，我也透過線上遠距指導，不論哪一種方式，都一定會特別確認業務員講電話時的語氣。

經過語氣修正之後，我會再請業務員去開發新客戶。而客戶截然不同的反應，總讓他們驚訝不已。

句尾音調上揚等抑揚頓挫的變化，也是讓人嗅到「推銷味」的一大主因。

我認為這是因為當業務在逢迎諂媚、對客戶有所求時，客戶可以從中感受到和普通對話細微的差別。

不論如何，客戶會回絕我們，理由其實很簡單。

每一次回絕的背後，都有著客戶「不想被莫名其妙的業務員糾纏推銷」的原因。

平時自己跑業務時常用的話術，或是包括抑揚頓挫在內的各種語氣……

如果各位有符合上述內容的談吐問題，請立即改正。

相信客戶也會做出和以往截然不同的反應。

「調查型開發」就從這句話開始

前面我們探討了銷售型開發窒礙難行的原因。

接下來我要談的是，各位該怎麼做。

首先，請全面改用「**調查型開發**」。

「我沒有打算推銷，只是想洽詢一下而已，請不要那麼緊張。」

我有一句方便好用的臺詞，可以表達各位心中的這個想法。

——這句臺詞就是「請教一下」。

這句臺詞極其平凡，毫無特色可言。

可是，只要說出這句話，客戶的態度就會產生一百八十度的轉變。

我以剛才那位東京商事的鈴木先生為例，讓他用這句臺詞來開發新客戶。

業務員：「您好，我是東京商事的鈴木，正在找桌上型話機使用數量達十臺以上的公司。請教一下，貴公司的話機數量是否達到十臺以上？」

客戶：「我們有十臺以上。」（**怎麼了？是在做什麼市調嗎？**）

業務員：「這樣啊！本公司提供節費電話服務，只要話機數量達十臺以上，通話費就有機會變便宜。如果您有興趣，我可以幫您算算看能節省多少錢。要不要幫您算算看？」

客戶：「嗯……可以省多少錢啊？」（**應該不是煩人的推銷，姑且先聽他說說看吧**）

業務員：「看貴公司的電話使用頻率而定，大概可以省××%，但也有人省不了多少錢，所以我們只為有興趣的客戶試算，讓各位看過試算結果後再決定。貴公司要不要試試看？」

客戶：「會很久嗎？」（**反正試一下不吃虧**）

業務員：「我會到貴公司拜訪，只要耽誤大概十分鐘就好。」

客戶：「這樣啊？那我把電話轉接給總務，你直接和他討論看看吧。」（**聽起來不是強迫推銷，幫他轉接一下應該沒問題吧**）

業務員：「麻煩您，謝謝！」

之後就是用同一套劇本，再和承辦人員談一次，並設法約時間拜訪。

相較於鈴木先生之前那套打電話開發新客戶時的說法，各位是否覺得這樣的話術，更容易開口呢？

況且它就是一段很日常的對話。

和客戶是否特別寬宏大量無關。

只要我們用對說法，客戶其實可以很正常地和我們對話。

正因如此，我才把開發新客戶時發展對話的方法設定為「調查型」。

業務員不能「拜託」

業務員常會對客戶說這些話：

「拜託，請和我見個面。」

「拜託，請聽我說明一下。」

「拜託，請買我們的產品。」

我在當業務員時，都以為說這些話是應該的。現在仔細想想，覺得自己說的這些話還真是自私。

說穿了，在業務推廣時會「拜託」別人，大多是「**為了自己**」。

為了提升自己的業績，而用「請買我們的商品」當說辭，「拜託」客戶幫忙。

每次上門拜訪總是滿嘴拜託、希望客戶完成要求的業務員，客戶當然不歡迎。

這裡我們再回頭檢視一下剛才那一套調查型開發的對話案例。

各位可以發現，業務員從頭到尾都沒有開口拜託。

他做的是「**確認**」。

「**貴公司對這樣的商品有興趣嗎？**」
「**要不要幫您算算看？貴公司要不要試試看？**」

在業務推廣過程中做「確認」，表示業務員尊重客戶的意願。所以雙方的對話自然就能成立。

如果各位以往在開發新客戶時總是不斷地拜託，不妨試著改以「確認」來擬訂一套說帖。

這類說帖不僅讓客戶容易回答，對業務員來說也不至於難以開口。

內向型業務員才適用的「調查型開發法」

前面我也提過，大眾往往認為業務員要能言善道，業績才能蒸蒸日上。但事實絕非如此。

很多時候，木訥口拙的人反而更占優勢。

請各位先看看以下這個例子：

「不好意思，在您百忙之中打擾。我是××公司的△△，負責○○在這一區的銷售。我們目前正在推廣這一項商品，不知道能不能占用您一點時間？這項商品○○使用起來非常方便，我們建議最好家家戶戶都要放一組。聽過我們的說明之後，您一定會瞭解它的好處。只要五分鐘就好，不會給您多添麻煩，請務必給我們一個機會！」

這是無預約拜訪時常見的光景——業務員完全不給客戶任何插嘴的餘地，一口氣劈哩啪啦地講完這段話，想必是經過努力練習才有的成果。

然而，客戶的反應卻很冷淡，明顯在防著業務員。

有個伶牙俐齒的人上門拜訪，並不會讓人覺得「哇！這個人真了不起」。反而會讓人提高警覺，心想「我對這項商品是有點好奇，但他可能就是要用這些花言巧語來哄騙我，還是回絕吧！」

換句話說，其實是業務員的言行舉止，激發了客戶的戒心。

那麼接下來的這個例子，各位覺得如何？

「呃……不好意思，我有這種產品（出示目錄給對方看）……（沉默半晌）……，這項○○使用時很方便……。如果您沒興趣，我就先告辭了。呃……您覺得怎麼樣？」

像是個業務菜鳥般，說起話來結結巴巴。

就連說話速度也很慢，有時甚至不發一語。

可是，客戶對這種業務員的反應，竟不是「連話都講不好，真是個差勁的業務」。

相反地，客戶反而會完全卸下心防，覺得「**這個人怎麼這麼憨厚？看起來不像會騙人的樣子，剛好我也對他的商品有點好奇，就聽他講一下好了。**」

關鍵不在於業務員是否能說會辯。

會不會引起客戶的戒心，才是重點。

只要稍微撩撥起客戶的戒心，即便我們拿出再好的商品，客戶根本連考慮都不願意。

但是，只要用對方法讓客戶卸下心防，客戶就會認真考慮我們的商品，業務員就能藉此精準地搜尋並找出有真正對商品有興趣的客戶。

同樣的概念也能套用在電話約訪上。

很多業務員在開發新客戶時，因為散發出推銷味，引起客戶的警戒，以致於最後被狠狠拒絕。

我要再強調一次：開發新客戶是一種調查，而不是推銷。

散發出推銷味，無疑是與我們原本的目的——「調查」背道而馳。

就這個角度而言，內向型業務員不容易讓人嗅到推銷味，反而成為一大優勢。

用電子郵件開發新客戶時的要訣

電子郵件堪稱是當前商務領域最主流的溝通工具。

想必各位使用電子郵件的頻率，應該比電話高出許多吧？

尤其是對像我這種「想把見面次數降到最低」的內向型業務員來說，電子郵件真的是救命法寶。

早期開發新客戶，不是打電話，就是直接上門拜訪。

但這兩種方法都不考量對方時間是否方便，直接由業務員自行挑選合適時機執行。對於儘量不想給別人添麻煩的內向型業務員來說，挑選時機問題也是造成我們不擅長開發新客戶的原因之一。

不過，如果是電子郵件，對方就能自行選擇方便的時間閱讀。

電子郵件不會強迫對方立即接受訊息——就這點來說，它也是很適合內向型業務員的一項工具。

對了，我建議各位不妨多加利用企業官方網站上的「**客服信箱**」。

基本上，企業等機關團體的客服信箱，是用來接受顧客意見的管道，因此在寄給企業的各式信件當中，客服信箱收到的郵件會被優先讀取。

況且，透過這個管道，即使我們不知道對方的電子信箱，也能發送郵件。

假如公司的客服信箱收到了這樣的一封來信，各位會有何反應？

我是××公司的〇〇。

我們是一家專業影片製作公司，在瀏覽過貴公司的官方網站後，覺得可以為貴公司提供一些建議，所以才主動聯絡貴公司。

我對貴公司為內向型業務員所開設的講習等課程很感興趣。

冒昧寫信到客服信箱是因為我認為貴公司或許可以運用我們的影片製

作服務。

如果貴公司正在評估是否製作影片，或有意做線上直播，請參考本公司以往製作過的影片。（附上連結）

看過貴公司的營業項目之後，我覺得這些內容應該要讓更多人知道。尤其是那些因為個性而大感煩惱的業務員，我覺得這些內容可以拯救他們的業績甚至是人生。

請讓我們成為貴公司的助力。

盼請貴司不吝指教。

補充：貴司網站上刊登的四格漫畫也很有意思，我一不小心就把它們全都讀完了。

如果是我收到這樣的信，我一定會心動。

這封電子郵件的重點在於，它很明確地表達「**專程寄了一封郵件給你**」這件事。我們一眼就能看出這封信所傳達的，不是司空見慣的內容，更不是那種複製貼上、到處寄發的廣告信。

當對方感受到我們只是隨機聯繫不特定的客戶，對方就會對我們陳述的內容存疑——這個概念在無預約拜訪等其他業務推廣手法上也說得通。

「什麼嘛！原來是亂槍打鳥，同一套劇本到處演啊？」

當客戶萌生這樣的念頭時，你幾乎等於沒戲唱了。

反之，當客戶認為「**這個人是真的看中我們，才會找上門來**」，心態上就會轉為容易接受。

當然，這樣做會比較耗時費力，還必須仔細研讀客戶的官方網站，才能寫得出一封像樣的電子郵件。

不過這樣寫出來的信，效果極佳。

在寄送郵件時，建議各位要像真的上門拜訪一樣，好好做足調查功課，站在對方的立場著想。

各位的這份心意，對方一定會感受到。

況且老實說，就算調查功夫做得再紮實，要我們這種內向者突然打電話給素昧平生的人，還是滿恐怖的。

相比之下，儘管稍微耗時費力，但寄送電子郵件的難度，應該是遠比打電話要來得低。

寄送郵件時，切記要加入一些暗號，告訴對方「這封信是專程只寄給你的，可不是群組廣告喔！」

再加上一句像是「貴公司官方網站上刊登的四格漫畫很有意思」這種描述，威力更是無與倫比。

既然要做，請各位不妨就讓自己朝「**新客戶開發郵件大師**」的目標邁進！

萬一還是覺得開發新客戶很有壓力？

前面我已再三強調，要打電話給陌生人，或與素昧平生的人見面，一般人多少都會感到有壓力。

對內向型業務員而言，壓力更是非同小可。

這種時候，不妨祭出下面這句舒緩緊張的咒語：

「我來抄瓦斯表，不是來做業務推廣的。」

這當然只是一個比喻。

早期我曾招募了一群大學工讀生來當業務部隊。

工作內容是要挨家挨戶去做無預約拜訪，推銷某款通訊類商品。

我先讓這群工讀生背熟講稿，再透過角色扮演的方式來練習。

可是到了要正式上場的時候，每個人還是裹足不前。

「我實在不敢去按人家的門鈴……」

要已經出社會的大人去做無預約拜訪，都還需要鼓起勇氣，更何況是要學生去做，的確是太殘忍了一點。

不過既然他們決定接下這份工作，就必須請他們負起責任完成。

於是我對他們這樣說：

「你們不是業務員，不必賣東西，只要幫我確認一下就好。拜訪的時候，就把自己當成是瓦斯公司的抄表員，照表操課地把事情做完。」

其實我幫他們安排的劇本，是一路模擬到了收尾成交，但我知道，如果他們從一開始就想著自己要把東西賣出去，到頭來只會因為緊張而把事情搞砸。

我是為了讓他們放鬆心情，才會那樣說。

雖然我說「不必賣東西」，但工讀生只要依照我規劃的講稿，依序逐項地確認，自然就會接到訂單。

各位猜猜後來怎麼了？

這些工讀生才上工第一天，竟然就都接了訂單回來。

連我都嚇了一大跳。

去用戶家中確認瓦斯表，本來就是瓦斯抄表員的工作。

這些工讀生沒有業績壓力，所以在上門拜訪時，可以毫不緊張地按下門鈴。

開發新客戶時也一樣，只要告訴自己「**我是來做確認的**」，就能舒緩緊張。

請各位務必試試看。

從下一章起，我們要正式進入「**洽談階段**」的解說。

首先要談的是「**破冰**」。

內向型業務員尤其會覺得這個階段是自己的一大罩門，因此希望各位能用心讀下去。

前　言

序　章

第一章

第二章

第三章 讓客戶自然而然地卸下心防！

——階段②破冰

第四章

第五章

第六章

第七章

代　跋

附　錄

緊張的晤談，如何緩和場面氣氛？

前一章所談的階段①「開發新客戶」，主要工作是找尋潛在客戶。

在該階段當中，我們要**摒除「推銷」的念頭，貫徹「調查」的心態**，便能與對方展開對話，不至於一開始就吃閉門羹。

接著我們要再從中找出對自家商品、服務有興趣的客戶，並約定當面拜訪——到這裡都是「開發新客戶」階段的任務。

自本章起，我們要進入「**洽談**」階段的介紹，也就是如何實際與客戶見面、晤談。

內容適用對象包括每一位和我們見面的客戶。

不論是初次見面的對象，或是巡迴銷售、拜訪既有客戶等，方法都一樣。

只不過，一般業務員或許可以輕鬆瀟灑地去拜訪，但對於「和客戶見面總會很緊張」的內向型業務員而言，就是很難保持平常心。

即使是已經見過好幾次的人，到了真正碰面時，還是難免會亂了陣腳。

當年剛開始跑業務時，我大概是這種狀態：

我：「您好。呃……今天有什麼要談的嗎？」

客戶：「沒什麼特別要談的。」

我：「這樣啊……」（**總是聊不起來**）

客戶：「……」（**總覺得很難和這個人聊天**）

沉默幾秒之後。

我：「那我下次再過來，謝謝。」

這樣的戲碼一再上演。

就連面對既有客戶都聊不了幾句，碰上初次見面的人，更是壓根兒不可能順利地聊起天來。

看在客戶眼中，恐怕也是個靠不住的業務員吧。

但是，像我這麼靠不住的業務員，只因為學會了「某件事」，和人見面時竟變得不再容易緊張。

和素昧平生的客戶見面，除了和樂融融地閒話家常，還能不著痕跡地轉入工作話題。

這樣的轉變不僅拉抬了我的業績，平時與人往來也不再覺得有任何困擾。

所謂的「某件事」，究竟是什麼？

答案就是「破冰」。

或許有人覺得我在說謊，但我的確只因為學會接下來要談的這些破冰方法，就開始懂得如何和客戶融洽地閒聊。

時至今日，破冰已成了我的拿手強項，甚至還開設了專門教授破冰的講習課程，並出了好幾本相關主題的書。

接下來我要分享的這些內容，過去有好幾位內向型業務員在學完之後，隔天就立刻派上用場，希望各位不吝參考。

打開天窗說亮話！「破冰」的用意到底為何？

所謂的破冰（icebreaker），若照英文字面翻譯就是「敲碎冰塊」的意思。

如今它被用來表示「融化對方冰冷態度」之意。

在業務推廣的最前線，有人稱之為「**暖場**」、「**緩和氣氛**」，甚至也有人說它是「**閒聊**」。

以前我也常被主管這樣要求：

「多閒聊幾句，把場子炒熱起來啊！」

附帶一提，在「階段式業務推廣法」當中，「破冰」的目的是「**卸下客戶的心防**」。

我在第一章也提過，想為客戶量身打造一套最適合的商品說明，就要積極探詢，問出客戶的真心話。

只不過，當我們面對「保持戒心的人」時，再怎麼問都不會有真實答案。

換句話說，在客戶卸下心防，也就是破冰確實奏效前，是談不了生意的。

商品說明得天花亂墜，卻拿不到訂單的人，往往都是因為忽略了這個環節。

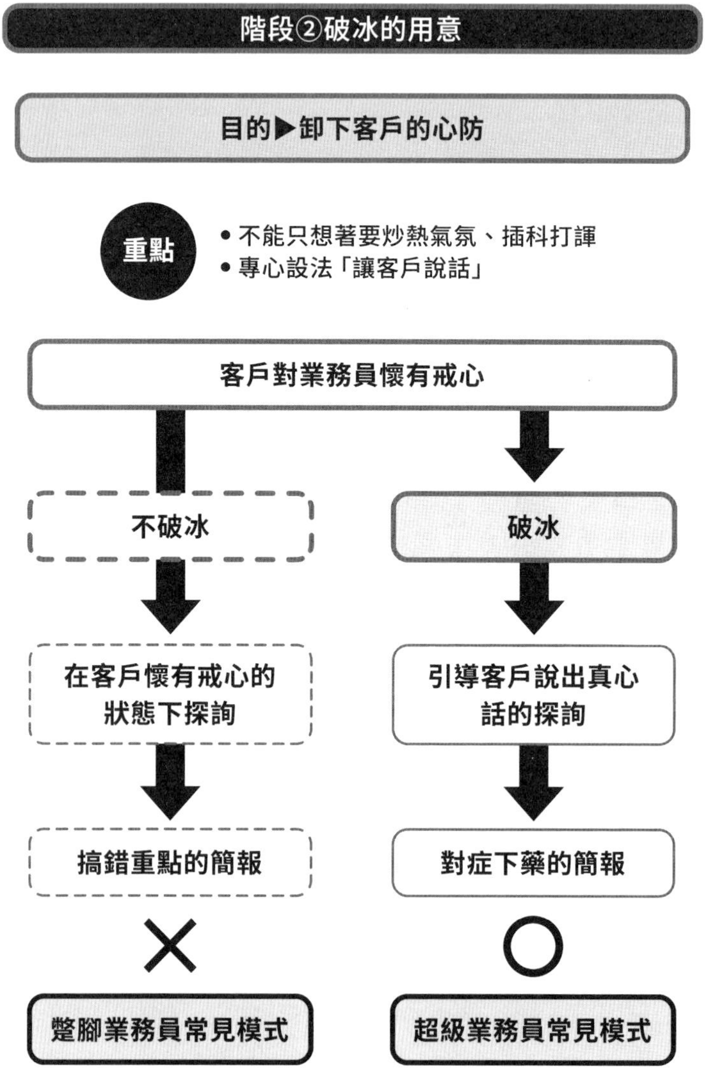
階段②破冰的用意
目的▶卸下客戶的心防
重點
• 不能只想著要炒熱氣氛、插科打諢
• 專心設法「讓客戶說話」
客戶對業務員懷有戒心
不破冰
破冰
在客戶懷有戒心的狀態下探詢
引導客戶說出真心話的探詢
搞錯重點的簡報
對症下藥的簡報
×
○
蹩腳業務員常見模式
超級業務員常見模式

包括以前的我在內，內向型業務員總會這麼想：「**既然不擅閒聊，就敷衍一下草草結束，趕快開始探詢。**」

坦白說，其實這就是我們業績不振的主因。

希望各位務必先確實理解「破冰」在整個業務推廣活動中的定位。

就是這個「誤會」一直在扯你的後腿！

不好意思，劈頭就這麼武斷地說是「誤會」。

不過，包括以前的我自己在內，我看過很多內向型業務員，其中絕大多數都有這樣的誤會。

我們都誤以為：「所謂的破冰或閒聊，就是要聊些有意思的事，把場面炒熱」。

各位是不是也這樣想呢？

我過去一直打從心裡這麼認為。

後來也因為這樣，吃了好多次苦頭。

和各位分享我高中時，和同學一起開會準備校慶活動的一段往事。

地點是在車站後面的咖啡館。

我這個人凡事都很謹慎，所以到達現場時，離約定時間還有三十分鐘以上。

不久之後，也有女生自己一個人先到了。

桌邊只有我們兩人——一般高中男生或許會對這樣獨處的機會感到高興，但對我而言，這段時間簡直如坐針氈。

「我得識趣地閒聊幾句才行。該聊什麼話題才好？」

我故作鎮定，大腦卻是絞盡腦汁地拚命想著。

可是我完全找不到話題。

就在我左思右想的同時，時間也默默地流逝。

結果，我們兩個人幾乎什麼話也沒說，其他同學就來了。當時那股如釋重負的感受，我至今難忘。

各位是否也有過類似的經驗呢？

尤其是像我這種超級不擅閒聊的人，一直都以為這種尷尬的沉默，是因為自己太木訥。

為了克服這個缺點，我看了教人如何變健談的書，記了幾個有趣的笑料，還買了一堆介紹雜學的書，只為了多儲備一些冷知識。

然而，這些努力遲遲都沒有見效。

「我個性就是這麼內向，再怎麼努力都不可能變成閒聊高手啦。」

曾經如此怨天尤人的我，現在已經可以毫無壓力地與初次見面的人閒聊。你問我是否曾付出一番驚天動地的努力？完全沒有。

我只是掌握了一個訣竅而已。

真正的閒聊，其實和我們是否能言善道毫無關係；再怎麼木訥口拙，都能輕鬆開口閒聊。

因為閒聊完全不需要我們展現任何表達能力來把話講得精彩有趣。

閒聊的訣竅，就是「讓對方開口說話」。

僅此而已。

破冰功力進步的關鍵，其實很簡單

各位一定也曾有與人單獨共處，氣氛尷尬至極的經驗。

這種時候，各位會有什麼想法？

是不是覺得「**我得說幾句話才行**」呢？

其實這是個性內向的人常遇到的問題。

愈是對自己口才沒信心的人（就像我），愈會滿腦子想著「我得主動開口說幾句話才行」。

建議各位不妨試著換個角度思考。

也就是改用「讓對方開口說話，而不是自己一直說」的翻轉思維。

所謂的對話，其實只要有一方開口講話，就能成立。

換言之，即使只有對方滔滔不絕也無妨。

不僅如此，「讓對方願意滔滔不絕」的對話，更是「超級業務員」的必備條件。

讓我們用業務推廣的場景來想一想。

如前所述，即使我們再怎麼打定主意不與客戶閒聊，直接切入工作正題，在實務操作上其實還是很有難度。

我想每位業務員應該都很有切身之痛。

所以各位才會出現「真想學會怎麼閒聊」的念頭，這一點我也明白。

可是我們的目的，是「成功和客戶閒聊」嗎？

我們真正的目的是「卸下客戶的心防，以便不著痕跡地轉入工作話題」。

這就是重點所在。

說得極端一點，如果我們無法卸下客戶的心防，閒聊再怎麼高明也是枉然。

這裡我們再換個場景，假設我們來到一場酒會的現場。

我很不喜歡參加宴會，萬一碰上對方盛情難卻，非得參加時，大半時間我都在會場一角作壁上觀。

放眼望去，會場內到處都是一群一群圍成小圈圈的人。

於是我便湊過去聽聽他們在聊些什麼。

第一個小圈圈聚集了約莫五個人，核心人物是知名的Y。

我原本心想他果然不愧是人氣王，但仔細一看，發現了一件事。

「哎呀！〇〇，好久不見啦！上次見面是什麼時候？」

「××，你好！上次那件事，後來還順利嗎？」

「△△，幸會幸會。最近在忙什麼啊？」

Y就這樣逐一向身旁的每個人噓寒問暖。

而被他搭話的人，個個都喜孜孜地開口說起話來。

Y只是順著對方說話的內容，說句「**後來呢？**」、「**真的假的？**」、「**好厲害喔！**」而已，多半都是他身旁的那些人在講話。

結果Ｙ自己根本沒說什麼，卻和大家都聊得很起勁。

我又跑到別的小圈圈去瞧瞧。

這個圈圈裡有大名鼎鼎的Ｈ，身旁也圍了一群人。

可是，這裡的氣氛卻顯得不太一樣。

這裡的互動結構，是Ｈ一個人口若懸河地說，周圍的人都在聽。

Ｈ很能言善道，接二連三地端出新話題。

聚集過來的人也都靜靜地聽他說。

但不久之後，人就一個接一個地走開，最後只剩下Ｈ自己留在原地。

單就談話內容的巧拙來看，或許Ｈ的確技高一籌。

但若要論誰能讓談話對象開懷暢談，Ｙ顯然更占上風。

看到這一幕，我終於明白什麼才是真正的「閒聊實力」。

當下我也悟出一番道理：自己這麼不善言辭，註定是當不了Ｈ，但說不定可以成為像Ｙ這樣的人。

附帶一提，Ｙ本身是個超級優秀的業務員。

「讓對方開口說話」不僅能讓自己不必開口，還可望帶來更龐大的效益——那就是「**卸下對方的心防**」。

從那之後，我就不再拚命找話講，而是提醒自己要讓客戶開口說話。

建立這個觀念之後，我的「破冰」也開始步上軌道。

雖然心知肚明，卻沒養成習慣的「談話基本常識」

讓對方開口說話……

究竟該怎麼做才對呢？

我在「破冰」的講習課程當中，常會進行這樣的活動。

先請學員和身邊的人兩兩一組，分別扮演Ａ和Ｂ。

接著，我會要求**「請A開始和B閒聊，過程中要讓B儘量多開口說話，時間是一分鐘。」**

起初大家都顯得很困惑，但很快就掌握到訣竅，做得駕輕就熟了。

這裡所謂的訣竅，就是「提問」。

或許有些人會覺得「什麼嘛！這算什麼訣竅？」

當我們提問時，對方一定會回答。

這在心理學上稱為「**互惠原則**」。

前面那位酒會上的Y，在向人搭話時，第一句話也都是提問。

這其實也是談話的基本常識。

實際上，各位也可以留意觀察一下平常那些隨意閒聊的內容，基本上都是由「提問」與「回答」所組成。

換言之，閒談時該想的，不是「我得找點有意思的話題才行」，而是「有什麼好

問題可以問」。

我們要在意的不是自己，而是對方。

所以我在講習課程等場合，總會這麼說：

「木訥口拙的人，腦子裡根本沒有好玩話題的資料存檔，所以再怎麼搜尋自己的大腦，再怎麼絞盡腦汁地想，也是徒勞。與其如此，還不如提醒自己多運用儲存在對方腦中的那些資料。」

讀到這裡，各位說不定會這樣想：

「就算要提問，一時半刻我也想不到問題啊！」

那是自然的。冷不防和人見了面，就突然要提問——這對容易緊張的內向型業務員，根本是天方夜譚。

那我們該怎麼辦？

預先備妥提問內容。

如此一來，即使是個性內向的人，也可以順利與人談話。

只要備妥這三個話題，素昧平生也不怕

只要主動提問，就能讓對方開口說話。

到這裡為止應該沒有問題吧？

那麼下一個要思考的，就是「**該提什麼問題才好**」。

當年業績低迷的我，有很多諸如此類的失敗經驗：

我：「昨天巨人隊的那場比賽真的很精彩。您看了嗎？」

客戶：「我沒看欸。」

我：「……這樣啊。」

再換到另一個場景：

我：「我的興趣是釣魚，您會去釣魚嗎？」

客戶：「我不會欸。」

我：「……這樣啊。」

真的很丟臉，但請容我再分享一個失敗案例。

我：「請問您將來的目標是什麼？」

客戶：「怎麼突然問我這個……為什麼我得回答這個問題？」

我：「……不好意思。」

我以為隨便問什麼都好，所以想到什麼就問什麼，結果簡直慘不忍睹。

「到底要問什麼問題才有效？」

後來，我針對「提問」這件事，徹底地研究了一番。

我個人認為，最理想的狀態是，用最少的提問就讓對方可以侃侃而談地回答。

經過不斷地試錯，最終我找到的，是接下來要介紹的這「**三個話題**」。

從客戶的官方網站找話題

我想各位應該都會瀏覽客戶的官方網站。

畢竟「上門拜訪前，先調查客戶的相關資訊」已是業務圈的常識。

可是，究竟該留意客戶官方網站的哪些地方才對？

官方網站有那麼多頁面，難道要全部看過一遍嗎？

恐怕很難從頭到尾都看個仔細。

如果是我，我會先快速地瀏覽整個網站。

這時，我會特別留意「**有沒有值得在見面時拿來閒聊的話題**」。

換言之就是找話題。

例如我們可以這樣用：

「今天過來拜訪之前，我瀏覽了一下貴公司的網頁，發現一件令人吃驚的事——貴公司員工的平均年齡竟然才二十八歲？好年輕啊！」

「昨天我在貴公司的官方網站上，看了一下貴公司的發展歷程，發現貴公司竟然是江戶時代創立的，嚇了一大跳。貴公司竟然從那麼久之前就開始做生意了呀？」

所謂的「提問」，要是問了一些客戶不知道的事，客戶也答不出來。

不過，如果是自家公司網站上的資訊，客戶比較有可能知道，開口回答的機率自然也相對提高。

若是個人客戶，現在在臉書等社群網站上貼文的人愈來愈多，也不失為一個找話題的途徑。

用客戶的名字在網路上搜尋一下，其實很有機會找出對方的興趣或交友圈，是個有效找出閒聊話題的方法。

這些閒聊時的資料題材，各位應該就可以事前準備了吧？

從客戶的名片找話題

每次和素昧平生的人見面、交換名片，我都會做一件事。

那就是「唸出對方的名字」。

拿到名片之後先仔細端詳，再開口說：

「川本太郎先生，是吧？請多指教。」

就像是確認似地唸出對方的姓名。

這樣執行之後，偶爾會碰到很難唸出正確讀音的名字。

例如「竹之木進肇」這個名字。當初我拿到他的名片時，雙方有了這樣的互動。

「！（沉默半晌）呃……您是竹之本先生嗎？您的大名……這該怎麼唸呢？」

碰上自己唸不出來的字，自然就會語塞。

不過，就是這麼自然才好。

「敝姓竹之木，名叫進肇。」

「啊！原來您的姓氏是竹之木啊？我第一次碰到這個姓氏的人，好罕見呀！」

姓氏罕見的人早已習慣這些問題，所以一定會接著自然地回答。

「家鄉那邊是有幾戶同姓的，除此之外還真的沒看過欸。」

於是就能像這樣，用姓名當話題閒聊一段時間。

這個互動無法事先準備，只能即興發揮。不過，若能先規定自己必須唸出對方姓名，碰上時就能毫不勉強地水到渠成。

每次和別人交換名片時，只要出現罕見姓名，我都會在心中放鞭炮。

「這下不愁開口找不到話題了。」

這個舉動的效果極佳，請各位務必一試。

從最近車站到目的地的路上找話題

事情總是愈想愈負面……

這或許也算是內向者的一個壞習慣。

萬一看了客戶的官方網站，還是找不到話題……

萬一客戶的名字是人人都會唸的尋常姓名……

這樣就找不到話題了。

為預防這樣的情況發生，我還有一個錦囊妙計。

那就是「邊走邊找話題」。

當年我還是個菜鳥業務員時，前輩做了這樣的事：

我和前輩一同前往客戶公司的路上，前輩一路東張西望，開心地看著街邊的店家，還說「哇！這裡竟然還有這種懷舊的柑仔店啊！」之類的。

當下我光是想待會該說什麼就緊張得不得了，只覺得「前輩還真是悠哉啊」。

孰料前輩一見到客戶，就說了這一番話：

「從車站到這裡來的路上，是不是有傳統的那種古早味零食店啊？」

那時我還心想：「前輩在亂扯什麼啊？」

「對呀！我也很喜歡那些東西，偶爾下班時還會繞去逛一下。」

「好懷念啊！我等一下回程也要進去瞧一瞧。」

「一定要去！一定要去！順道買點伴手禮，收到的人會很開心喔！」

可是他們竟然聊得有說有笑，場面立刻變得一片融洽。

當時我還很佩服前輩話術高明。

如今我才明白——

原來前輩當時是在那條客戶應該也很熟悉的路上找話題。

若是開在上班途中的店家，客戶很可能也知道。前輩的理論是覺得，只要拿這些店家來當話題，客戶應該就會積極參與。

而以上這三個話題的共通之處，在於它們都是「**和客戶有關的話題**」。

拋出一些和客戶切身相關的話題，客戶也比較容易開口回答。

個性內向又不太會說話的人，根本無法靠臨機應變講出像樣的話。不過，只要確實做好準備再上場，就能避免「沉默」這個危機發生。

可是，這裡還有一個隱憂。

那就是當我們有多個選項時，究竟該選哪個話題。

能不能從好幾個話題當中，挑出一個最佳選擇？

這種時候，請各位不妨參考我在下一節所談的內容。

毫不猶豫地決定「話題優先順序」的方法

對業務員而言，凡事謹慎而為是一件好事。

只不過，因為過於謹慎而包山包海地準備太多閒聊話題時，反而會讓自己慌了手腳。

業務員：「呃……那個……」（猶豫該選哪個話題）

客戶：「……」（這個業務員怎麼好像沒什麼自信）

於是就陷入這樣的狀態。

尤其是「過於謹慎地斟酌用字遣詞，以至於說不出話」這一點，其實也是內向業務員的特徵。只要一開始出師不利，後面往往會一直被影響，導致整場業務洽談全面潰敗。

因此，請各位務必學會「**如何訂定話題的優先順序**」。

哪個話題有趣，或哪個話題好講，都不是決定順序的標準。

我們單純只以「話題與客戶的距離遠近」來決定順序。

因為距離愈近，客戶愈有可能聽過這個話題。

聊到聽過的話題，他們才會主動多說幾句話，進而提升「卸下客戶心防」的機率。

讓我們舉個例子來看看吧。

①從車站前往客戶公司的路上，發現一家大排長龍的拉麵店
②對方公司大樓的入口處開著滿樹櫻花
③會客室窗外的風景

若以距離由近到遠來排列，順序就會是③、②、①。

此時，我們的想法大概是如此：

「哇！從車站前往客戶公司的路上，竟然有這種大排長龍的拉麵店。這或許可以拿來當成閒談的話題喔！」

↓

「哎呀！客戶的公司大樓門口有一棵好漂亮的櫻花樹，而且正盛開著。這個話題更合適！」

↓

「這間會客室看出去的風景真棒。好，就講這個話題吧！」

也可以用這個方式調整話題優先順序。

要是在和客戶交換名片時，發現客戶的姓名很罕見，那該怎麼辦？

其實很簡單，就距離而言，姓名的話題就在客戶身上，距離最近所以排序為最優先。

各位覺得怎麼樣？

是不是只要學會這種訂定優先順序的方法，面對客戶就能沉著以對了呢？

附帶一提，平常幫業務員上課時，我都會特別仔細地詢問他們如何挑選破冰話題。前幾天，我聽到一個很有意思的案例，在此和各位分享。

- **在最接近目的地的車站下車後，發現車站前面正在舉辦祭典活動（是什麼祭典？）**
- **走到客戶公司的路上，沿途都有拱廊（下雨天很方便）**
- **客戶公司所在大樓的一樓是便利商店（感覺很方便）**

原本業務員是像這樣沿路找話題，結果發現會客室桌上擺著老虎玩偶，於是當場改聊這個話題。

「這是老虎嗎？」（**指著玩偶**）

「不是，牠是獵豹。」

「喔，原來是獵豹啊！是貴公司的吉祥物嗎？」

「是啊！意思是『凡事務求迅速』。」

「原來如此！好可愛呀！」
「可愛是可愛，但好像很難看出牠是獵豹。」（笑）
「真不好意思，我也搞錯了。」（笑）
「沒關係，沒關係。」

雙方就這樣熟絡起來，當天的洽談也很成功。

這位業務員表示：「**預先把話題準備好，我才得以從容地觀察四周。**」

有過一次這樣的成功經驗之後，自然就會養成找話題的習慣。

各位不妨也試著從平時就開始練習，多找一些可能有機會派上用場的話題。

「今天不賣東西」是讓自己不勉強推銷的魔法咒語

業務員的工作講白了就是「賣東西」。

可是當我們心中那股「想成交」的念頭過於強烈時，就會跟著緊張起來。

雖然我這麼說，但我自己直到現在，出去跑業務時還是會緊張。所以每次到了客戶公司門前，我一定會低聲唸出某句話。

一說出這句話，就能神奇地紓解我的緊張，讓我得以從容地面對客戶。

這句話就是「今天不賣東西」。

各位一定會覺得「說什麼傻話？你是業務欸！」

沒錯，我這樣說的確很矛盾，可是這句話，尤其是對我們這些內向型業務員而言，簡直就是一句魔法咒語。

前面我已再三強調，「破冰」這個階段的目的，在於「**卸下客戶的心防**」。

換言之，它並不是一個推銷的時機。

客戶究竟是不是值得我們推銷的對象，要經過正確的探詢才能知道。因此，我們需要透過破冰來卸下客戶的心防。

這才是破冰的目的。

它只是為了營造出一個狀態，好讓我們能以平常心和客戶對談。

要是在這個時候「圖謀不軌」，萌生「真想推銷」的念頭，客戶就會立刻關上心門。

請容我再強調一次：「破冰」還不是推銷的時候。

而「今天不賣東西」這句話，就是要用來提醒自己這件事。

凡是我指導過的業務員，我都會半強迫地要求他們這樣做。

以往我曾要求業務員從五個拜訪行程中，選一個執行「今天不賣東西」式的洽談。沒想到過了幾天之後，那個行程的客戶竟然下單了。

業務員說既然已經決定不推銷，所以當天就真的只是去閒聊一下就回來了。不過，那天的確和客戶聊得很開心，連他自己都覺得很神奇。

或許是因為嘗到甜頭的關係，據說這位業務員後來不論哪個客戶，都抱著「今天不賣東西」的心態去拜訪。

後來，他成了公司裡的冠軍業務。

這裡再為各位介紹一套「**蹩腳業務員**」的負面模式。

- 拿不到訂單（達不到業績目標、主管指責、壓力）

←

- 「想成交」的念頭很強烈

←

- 硬是強迫推銷，引起客戶反感

←

• **更拿不到訂單**

因為客戶感受到業務員那股急著成交的心情，業務員反而更拿不到訂單。

在業績低迷時，請各位務必試著讓自己那股「想成交」的念頭歸零。

不妨就從明天開始，試著在去拜訪客戶前，在心裡默念「今天不賣東西」吧？

我相信各位一定能切身感受到客戶反應所出現的變化。

從電子郵件的最後一句話，催生出「下一個」機會

很多人在與客戶洽談後，都會寄一封「**感謝郵件**」。

我在寄發這種感謝郵件時，總會提醒自己，要寫一些「**只有我和對方才懂的話題**」。

例如像以下這樣：

「附註：後來我去了那家拉麵店！排隊排了將近三十分鐘，但真的很好吃，很合我的口味，是那種一吃上癮的味道。我已經開始期待下次什麼時候要到貴公司拜訪了！」

在電子郵件最後多加這句話，想必收件人看了應該也會很開心吧。

為了想在電子郵件裡寫上這些內容，我要求自己，只要是和客戶聊到的店家，一定要馬上去嚐鮮。

有趣的是，自從我連洽談後的跟催都懂得一併考量之後，我找破冰話題的水準也隨之提升了。

- **這家古早味零食店還真是復古。先把它拿來當閒聊話題，回程再繞過來瞧瞧吧！**
- **這家咖啡館還真漂亮，也把它拿來當話題吧！**

•這家購物商場還真大……待會來問問裡面有什麼推薦的品牌吧！

拿店家來當作閒聊話題，回程時可以繞去看看，也比較容易和客戶分享感想。下次再拜訪同一個客戶時，也能先從同一個話題切入。

破冰用的話題，在初期階段不僅可以用來卸下客戶的心防，還能在後續的互動派上用場——這一點請各位銘記在心。

祭出這句話，就能不著痕跡地進入「探詢」！

在業務的講習課堂上，偶爾有學員會提出這樣的問題：

「破冰大概要花幾分鐘？」

一路讀到這裡，各位應該都很清楚了吧？

問題不在於時間的長短。

一切都取決於是否卸下客戶的心防。

這種時候，我會用下列兩個標準來判斷：

- **客戶開始主動提問。**
- **客戶開始露出笑容。**

順帶一提，有時候甚至可能完全不需要破冰。

例如客戶趕時間的時候。

當客戶時間有限，急著想立刻切入正題時，就不需要閒話家常。

甚至當我發現客戶好像很忙的時候，我會主動說：

「**您時間沒問題嗎？請容我先確認幾個重點。**」

接著就立刻展開探詢。

還有，學員也經常問我這個問題：

「從破冰進入探詢的時機點是什麼時候？」

這也要仔細觀察客戶是否卸下心防才行，就時機而言，其實就和上一題一樣。不過，在雙方聊得有說有笑之際，突然轉進工作話題，各位或許會覺得有些尷尬。尤其是像我們這種向來過份顧慮別人的內向型業務員，要我們轉換話題，難度似乎還是太高了一點。

這種時候，各位不妨祭出這句話：

「……就是這樣。那麼我想差不多該進入正題了，方便請您給我大概二十分鐘的時間嗎？」

在閒聊話題剛好告一段落，或雙方談話無意間停下來時，都是進行這種操作的好機會。

客戶也不會想一直閒聊下去。

請各位要有自信，該說就說，因為客戶也會想換個話題。

我在這一章當中，為各位講解了內向型業務員最不擅長的破冰。業務員往往容易輕忽破冰，覺得它「不過就是閒聊而已」。甚至可能會有人覺得某些內容根本不需要特別拿出來傳授或解說。但我認為，破冰是在業務推廣過程中最重要的一環。

畢竟突破不了這一關，就無法進入下一個階段。

反過來說，只要掌握破冰的訣竅，後續就會業績滾滾來。

我指導過的某位內向型業務員，寄了這樣的一封信給我：

「我用了您教的方法之後，和客戶談話真的變輕鬆了。昨天還有客戶跟我說『你真是一個很好的聊天對象。』果然愈是能聊得開心的客戶，愈能爭取到訂單。多虧有您的指導，我已經連續兩個月蟬聯業績冠軍了。」

「我原本以為自己這輩子都學不會閒聊，如今能有這樣的表現，連我自己都很吃驚。以往我都一直背負著『非得說點什麼不可』的壓力，可是您卻教我『業務員自己可以不必開口說話』，真是讓我大開眼界。」

讀到這份回饋，我當下深深覺得「幸好我曾給過他建議」。

只要按照本書指引確實執行，一定會看到效果，請各位務必實際操作看看。

接下來是「**探詢**」階段。

我們要開始進入商務模式。

不過，請各位千萬別啟動推銷模式。

我們要懷抱著「**現在不賣東西**」的心態，從容以對。

第四章 客戶主動說出真心話和需求！
——階段③探詢

開門見山說清楚！「探詢」的用意是什麼？

當我們用前一章所談的「破冰」，成功卸下客戶的心防之後，就要進入下一個階段，也就是所謂的「**探詢**」。

基本上，洽談生意的四個階段（破冰、探詢、簡報、收尾），有時會在一次拜訪的過程中全部執行完畢，也可能分次辦理。

最常見的模式是在第一次拜訪時進行到「探詢」，下一次再處理「簡報」和「收尾」。

這個節奏分配，會依公司的業務方針，或商品、服務內容而異。

請各位在閱讀本章節的同時，別忘了對照自己的實際情況。

各位如果有業務推廣的經驗，應該都會執行「探詢」。

那麼，我們究竟為什麼要探詢呢？

當年剛開始跑業務時，我也不明究理，只是傻傻地跟著做。

反正問話比我自己講話來得輕鬆，所以我也不疑有他，就照著標準作業流程上所寫的內容，一板一眼地把問題問完。

「**貴公司是否評估過〇〇？**」

「**如果要選用〇〇，貴公司會用什麼標準來評選？**」

「**現在貴公司所使用的〇〇，有沒有什麼缺點？**」

聽到這些問題，客戶的反應總是很冷淡。

可是當年的我，以為客戶面對業務員的態度都這麼冰冷，心想「反正就是這麼一回事」，便打了退堂鼓不再追問。

甚至還覺得自己擅於傾聽，所以「探詢」是我的強項。

事到如今我才明白，那是個天大的誤會。

其實「探詢」有它的用意。這裡就讓我們先來釐清「探詢」在「階段式業務推廣法」當中的目的為何。

階段③探詢的用意

目的▶準確掌握顧客的資訊

重點

- 此時還不是推銷，因此不能讓客戶嗅到「推銷味」
- 用「過去、現在、未來」提出三個問題，引導客戶說出真心話

只是一味提問的探詢	目的明確的探詢
↓	↓
客戶需求不明確	精準掌握客戶需求
↓	↓
搞錯重點的簡報	對症下藥的簡報
✕	○
蹩腳業務員常見模式	超級業務員常見模式

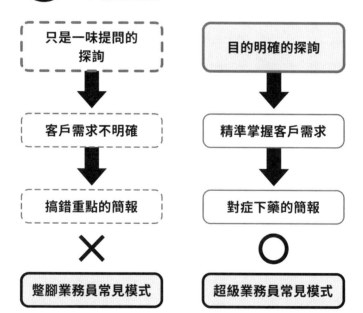

探詢的目的，是要蒐集資料，以便提供給客戶最合適的簡報內容。

也就是為了能在進入下一個「簡報」階段時提出符合客戶想法的提案，讓客戶滿意，同時也增加成交的機率。

這裡就讓我們來檢視一下過去我在做「探詢」（其實根本稱不上是探詢）時，雙方的內心世界。

我心中的想法：我要問得高明一點，讓對方願意買單。

客戶內心想法：我才不會上你的當呢！

雙方就這樣各懷鬼胎、互探虛實，換句話說其實就是諜對諜。

當時我滿腦子都只想著自己，根本沒顧慮到客戶。

另一方面，「階段式業務推廣法」當中的「探詢」，則是像這樣：

我心中的想法：我要好好調查出客戶真正的心聲，再找出自家商品有什麼可以派得上用場的地方，推薦給客戶。

客戶內心想法：還真是懂得為我們著想啊！我們的真實心聲，應該可以告訴這個業務員吧。

以結果來看，這樣的做法當然對業績比較有貢獻，更重要的是能和客戶建立信任關係。

業務推廣過程中的「探詢」，並不是用來推銷的時機。

它充其量只是個「**蒐集資料（調查）**」的階段。

也就是在確認對方是不是個值得推銷自家商品的對象。

唯有在經過調查後，確認「這個客戶有需求」，我們才會進入下一個階段④「**簡報**」。

若在探詢時已研判「這個客戶目前還不需要我們的商品」，那麼就不需要再進入簡報或收尾階段。

此時就該當機立斷，進入階段⑥「跟催」。

如此一來，就能和「**將來可能下單給我們的客戶**」保持良好的關係。

不過，要這樣做有一些先決條件。

萬一客戶不願意吐露心聲，我們就無法探詢到正確的資訊。

而缺乏正確資訊，就無法正確地進入下一個階段。

因此，首先我們要讓客戶願意說出真心話才行。

可是，客戶也常說謊騙人。

那該怎麼辦才好呢？

為什麼客戶要說謊？

好想設法打聽出客戶的真心話……
這是每位業務員都在想的事。

為此，我們要先瞭解客戶的心態。

假設各位現在來到百貨公司，想買一件外套。
「有合適的就買吧」差不多是這樣的心態。
正當在店裡物色合適商品時，店員馬上走了過來。
「歡迎光臨！想找外套嗎？」
店員笑容可掬地問。
似乎只要認真回答，店員就會拚命推銷。

這種時候，各位是不是會這樣回答呢？

「沒有，我只是看一下。」

其實如果能再稍微從容地瀏覽一下，說不定就有機會下手結帳。可是店員詢問的這個舉動，讓人打消了購物的念頭。

想必各位一定也有諸如此類的經驗。

那我們為什麼會選擇閃躲店員呢？

這是以往那些「不愉快的記憶」驅使之下的結果。

以往碰到積極推銷的店員時，我們曾不小心多回了幾句話，結果最後難以推辭，只好掏錢買東西。

當時留下了滿心的後悔。

又或是遇上強迫推銷時，我們還得設法甩開店員的糾纏，才能拒絕推銷的那份心煩。

因為我們抱著「再也不想陷入那種情緒」的心態，於是便下意識地先發制人——也就是選擇不說真話，以躲過推銷。

這堪稱是一種自我防衛機制。

客戶對於本書中已多次提到的「推銷味」這件事，其實非常敏感。

各位是否覺得「既然如此，那不散發『推銷味』就行了吧？」

其實「業績長紅的祕訣」，就隱藏在這裡。

瞬間消除「推銷味」的經典名句

這裡我要來分享一個好用的妙方，讓各位可以在探詢時消除自己的「推銷味」。

方法很簡單。

「今天前來拜訪，是想確認一下我們的商品，能不能在貴公司派上用場。」

只要在進入「探詢」階段時，說出這句臺詞即可。

客戶真正提防的，是業務員的推銷。

換言之，只要在「探詢」之初，告訴客戶：「**請放心，我只是做個確認，不是推銷**」就好。

有時我們以為自己已經夠小心了，但句尾的用字遣詞或些許態度表現，還是會不小心透露出「推銷味」。

更何況我們內心深處會有「想成交」的念頭，本來就是很理所當然的事。

所以，建議各位明白表示「**我今天是來確認的**」──說這句話是為了要直截了當地告訴客戶我們的目的，更是要說給自己聽。

對客戶而言，業務員銷售的產品或服務當中，的確有些符合自家需求，也有些不怎麼樣。

因此，我們應該先確認自己準備的商品是否對客戶有幫助。如果派不上用場，我們便打道回府（將客戶改列為跟催）；若能派上用場，就可以繼續往下談。

當我們說出「我今天是來確認的」這句臺詞，表明來意後，客戶看我們的眼神，就會出現明顯的轉變，各位只要實際試過，就會明白。

說穿了，敢對客戶講出這句話的業務員，根本屈指可數，所以在各位說出口的當下，就已經和眾多業務員很不一樣了。

此外，各位本身也會有所改變。

因為各位從「非成交不可」的壓力中解脫之後，就能專注在原本該做的「探詢」上了。

而後續順利發展的機率，當然就會跟著大幅提升。

這樣一來，我們就完成了「**探詢前的準備（包括心理準備）**」。

從下一節起，就讓我們來看看「探詢」的詳細內容吧！

只是調動「提問順序」，就能讓客戶的反應大相逕庭

每次舉辦「探詢」的主題講座，我都會進行一項活動。
我會選出一位學員來接受我的提問。
「你明天午餐要吃什麼？」
問了這個問題之後，學員就會露出稍顯困惑的表情。
因為「明天午餐」這個問題當中，有太多不確定因素，被問的一方很難回答。
但畢竟我就在一旁等著，所以學員會勉為其難地擠出一個答案。
「應該會吃便利商店賣的東西吧。」
聽到這個答案之後，我就會開口說：
「謝謝您的答案。接下來請您先忘掉剛才的這段互動，我再重問一次。」
接著再問：
「那你昨天午餐吃了什麼？」
「昨天吃了紅燒魚。」
因為是昨天發生過的事，所以立刻就得到了答案。
「那今天的午餐吃了什麼？」
「今天吃了漢堡排便當。」

這一題也能不加思索地回答出來。

「昨天吃紅燒魚，今天吃漢堡排啊？原來如此。那明天午餐要吃什麼？」

「呃……已經連吃了兩天飯，明天應該會吃個麵吧。」

「非常謝謝您。」

活動就進行到這裡結束。

透過這個活動，我想表達的是「**提問順序會影響對方回答的難易度**」。

一開始我劈頭就問明天的午餐。

會這樣問，其實是早就預料到他會很難回答。

果然他的答案也給得很模糊。

接著，我改從昨天、今天的午餐問起，最後再問明天的午餐。

於是他針對明天午餐的回答，就變得既明確又有主見了。

這一套以「過去」、「現在」、「未來」依序提問的方式，就是「探詢」的基本型態。

只要按照這個順序提問，就能大幅提升對方願意開口回答的機率。

讓對話喊停的「未來問題」

接著，我們把這個概念套用到業務推廣的場景中來想一想。以下是我們在跑業務時常見的「探詢」場景。

業務員：「後續關於○○的部分，打算用什麼商品呢？」

客戶：「還沒想過。」

這時業務員想問的，其實是「**客戶的需求**」。所謂的需求，是攸關日後的事，所以是「**未來問題**」。這個情況和前面介紹過的那個午餐案例一樣，當我們冷不防地提了一個未來問題時，客戶其實很難回答。

況且客戶也知道要是自己隨口回答，馬上就會被推銷，所以乾脆避免多說多錯。結果使得客戶說出口的答案，往往欠缺可信度。

這就是常出現在探詢過程中典型的碰壁模式。

切記別在一開始就向客戶提出「未來問題」。

改從「**過去問題**」開始問起吧。

讓彼此都不再有壓力的「過去問題」

我們先透過破冰卸下了客戶的心防。

好不容易才能與客戶心平氣和地談話，業務員當然會想再延續這樣的狀態。

這時，請各位務必有計畫地使用「**過去問題**」。

如果說「未來問題」要問出的是客戶需求，那麼「過去問題」要問的，就是客戶的「**經驗**」。

相較於未來的未知事物，過去的經驗顯然比較容易作答。

畢竟面對過去的問題時，就只要追溯自己的記憶就行了。

例如像以下這樣的案例：

業務員：「對了，您聽過〇〇嗎？」（出示目錄給對方看）

客戶：「哦，我知道啊！可以用在〇〇上的嘛。」

業務員：「您還真是見多識廣！那您用過嗎？」

客戶：「先前我們用過啊。」

業務員：「真的啊？什麼時候的事？」

客戶：「大概五年前吧。」

業務員：「五年前？現在還在用嗎？」

客戶：「沒有啦，已經沒在用了。」

業務員：「欸？為什麼？」

客戶：「它方便是方便，但使用過後的清潔很麻煩。」

業務員：「原來如此。」

我先寫到這裡。不過各位應該可以看得出來，後續雙方仍會在良好的氣氛中再往下談。

各位應該也認為，若能和客戶就商品進行這樣的討論，是很不錯的互動吧？

這就是我建議各位使用「過去問題」的原因之一。

如果各位是為了想和客戶多聊幾句而吃足苦頭的內向型業務員，那麼能和客戶持續談話不冷場，應該就是各位內心最大的願望吧。

況且這個談話方法還有一個優點。

不僅業務員覺得沒壓力，也不會造成客戶的壓力。

內向型業務員也很希望不要造成客戶為難，所以這個談話方法，堪稱是一舉兩得。

我會建議各位從「過去問題」開始問起，其實還有一個很大的原因，那就是能卸下客戶的心防。

只要一問「未來問題」，難免會讓對方心生「要被推銷」的疑慮；但問過去的事，就不會給人這種感覺。

如此一來，客戶就會願意放下戒心，說出沒有欺瞞的「**真心話**」。

我在講習課程的最後，總會這樣提醒學員：

「請各位明天就去找客戶，試著問幾個過去問題。雙方自然而然打開話匣子的狀態，保證會讓各位大吃一驚。」

之後，我總會收到很多實際嘗試後大感訝異的回饋。

只要有過一次這樣的經驗，以後在探詢時，各位就會忍不住拿出「過去問題」來開場。

請各位也找自己的客戶來試試看吧。

不著痕跡串接過去與未來的「現在問題」

前面我們先提問一些與商品相關的「過去問題」，成功開啟了雙方對話的契機。

接著要再善加運用這個契機，把話題帶到「未來問題」，就能精準地確認對方究竟有沒有需求。

而負責扮演串接角色的，就是「現在問題」。其實在剛才那段以「過去問題」開場的對話案例當中，已經出現了「**現在問題**」。

業務員：「五年前？現在還在用嗎？」

就是這一句。

各位應該可以看得出來，它將話題從過去串接到了現在。之後，話題又延續到了「沒在用」→「為什麼」→「清潔很麻煩」。如果這位業務員賣的，正好是「清潔方便」的商品，事情會怎麼發展呢？很可能會出現這樣的對話：

業務員：「原來是因為打掃很麻煩啊。還有其他原因嗎？」

客戶：「沒有，就這一點。功能方面我們很滿意。」

業務員：「原來如此。如果功能一樣，但清潔更簡便的商品，您覺得怎麼樣？」

客戶：「那當然有興趣啊。」

業務員：「其實我們公司的商品，特色就是方便清潔。您要不要看看？」

對話最後已進入「未來問題」，但都是很自然地、順水推舟地發展。

從「過去」切入探詢話題，再經過「現在」的討論後，客戶腦中就會播放一段「**商品的歷史**」。

而這段歷史一路延伸到「未來」，所以客戶便很自然地開口回答問題，不會覺得自己被唐突地強迫推銷。

各位覺得怎麼樣呢？

會不會覺得要是自己能做到這樣的互動，客情關係就能更穩固呢？

事實上，這才是與客戶洽談該有的樣貌。

況且只要能做到這樣的探詢，就不必爾虞我詐，也用不著學讀心術。

業務員和客戶之間可以放心談生意，不必再互探虛實。

只要能問出客戶真正的心聲，就能談得更深入。

探詢的極致，在於找出「潛在需求」

問出客戶的需求，也是我們跑業務的目的之一。

因為只要確認客戶的確有需求，就能朝下一個階段「簡報」邁進。

但問出客戶的需求，只是業務推廣的其中一步。

各位是否也曾有過這樣的經驗？

業務員：「這樣啊？原來您在考慮重新調整壽險保單啊。」

客戶：「算是吧。」

業務員：「我明白了，謝謝您！」

業務員一確認到客戶有需求，就心滿意足地回公司向主管匯報。

主管也下達指示，說：「很好，那就要趕快拿提案報告過去！」

於是業務員急忙向客戶提案，卻只得到客戶一句冷淡的「好啊，我會再考慮。」

結果最後沒能成交，生意黯然告吹。

這種情形很常見吧？

其實這位業務員，在探詢時差了臨門一腳。

如果他再補上這臨門一腳，對話就會變成這樣：

業務員：「這樣啊？原來您在考慮重新調整壽險保單啊。」

客戶：「算是吧。」

業務員：「為什麼會想調整保單？」

客戶：「我聽說某個朋友突然生病的消息，讓我覺得很不安。」

業務員：「原來如此，您會擔心生病時的保障，對吧？還有其他在意的項目嗎？」

客戶：「還想瞭解一下先進醫療方面的保障。」

業務員：「這樣啊。那我下次為您提報一些特定處置醫療險的建議吧？」

客戶：「麻煩你了。」

各位應該可以看得出來，這裡問到的客戶需求更聚焦。

有了這些線索，便可大幅降低業務員向客戶提報銷售建議時的難度。

當然成交的機率也隨之上升。

這種探詢手法的訣竅，在於我們不能只是因為引導客戶說出那句「我在考慮重新調整壽險保單」就感到自滿。

常有業務員以為自己成功問到了客戶的需求，就草草收場。

能不能再補上臨門一腳，利用「**為什麼會想做這件事**」這個問題來問出背後的原因，是決定各位是否能成為「超級業務員」的轉折點。

我把這種需求稱為「**潛在需求**」。

在探詢過程中，請各位要特別注重「是否能問出潛在需求」這一點。

「可是，太死纏爛打地問，不是會引起客戶的反感嗎？」

這也是在講習課程中常出現的質疑。

它堪稱是內向型業務員的特質之一。

自尋太多煩惱，到頭來就是不敢補上那臨門一腳。

針對這個問題，我提出這樣的解方：

「各位的心情，我很能體會。可是，如果當下不問，到頭來提了搞錯重點的簡報，客戶也不會滿意吧？甚至還可能白忙一場。與其如此，不如再問仔細一點，做出正中客戶喜好的簡報，對彼此都好。」

接著，我還會建議學員對客戶說這句話：

「我希望可以送上最符合您需求的提案，請再讓我問仔細一點。」

只要像這樣，表達「我是『為了你』問的」，客戶就會認真回應。

不深入問清楚客戶需求就糊里糊塗地提案，和稍微囉嗦地問一下，但提出切中客戶需求的提案，究竟哪一個比較不尊重客戶呢？

答案應該很明顯吧？

內向型業務員該意識的「小反應」

看完探詢當中的「三個問題」和「潛在需求」，各位覺得怎麼樣呢？只要隨時記住這樣的提問方式並身體力行，保證各位的「探詢」一定能滿載而歸。

此外，我還想再和各位，尤其是內向型業務員談一件事。

那就是「反應」。

「唉……我很不擅長做反應啦。」

這是當然的，我很清楚。

我也很不會做反應。

不過，這裡要談的，並不是你我常在電視上看到的，如諧星般的誇大反應。我不會要求各位做到那種地步，請各位放心。

我想請各位做的，是「小反應」。

這裡請各位先聽聽我的親身經驗。

這是一位女業務員找我諮詢時所發生的事。

我在一家咖啡館聽了她的煩惱之後，給了一些我認為滿中肯的建議。

她已經掌握了客戶的潛在需求，也和客戶談了一些滿對症下藥的內容，因此我認為她已經確實擄獲了客戶的心。

然而，她本人似乎不這麼覺得。

因為她完全沒反應。

於是我也擔心了起來，「奇怪？她怎麼好像沒聽懂啊？」

起初我的口氣還滿懷信心，後來氣勢愈說愈弱。

可是幾天後，她寄給我的電子郵件，內容竟是「我依照您的建議試了一下，結果順利過關了」，字裡行間洋溢著喜悅之情。

如此出乎意料的結果，讓我大感詫異。
我想各位已經猜到了吧？

她因為太內向，所以很不擅長做反應。

即使心裡已經點頭如搗蒜，但絕對不會寫在臉上——她就是這種類型的人。
以往也常有人說我「看不出來在想什麼」，所以我很能理解她的狀況。
可是客戶並不瞭解。
至少給個「**暗號**」比較好吧？
因此，我想推薦給各位的，是以下這三個「小反應」。

「哇～」、「原來如此」以及「然後呢？」

這一招不僅是探詢時見效，破冰時也很有用。
各位不需要做任何誇張的動作，請用這些簡短的字句，給客戶一些回應。

如此一來，客戶就會放心，知道「原來你有在專心聽啊」。

身體往前傾或往後仰

和客戶隔著桌子說話時，各位只要前後動一動身體即可。

光是身體稍微往前傾，就能讓客戶感受到「我對你的話題有興趣」；稍微後仰一點，就能傳達「真令人訝異！」的意涵。

睜大眼睛

就反應類型而言，它和身體後仰同屬一類，但只要動動眼睛就能表達自己的感受。

如果各位自認是沒什麼反應的人，不妨稍微提醒自己試試以上這些反應。

只要我們表現出「我很認真聽」的態度，客戶就會口若懸河地說下去。

聽客戶說話時認真做反應，也是對客戶的一種體貼。

「對別人的情緒」感受很敏銳的人，更能無往不利！

以往，我以為「探詢」這個動作，就是要蒐集必要資訊，以便推銷商品。
但當我們惦念著要「推銷」時，就會把探詢變成誘導式問話。
只要客戶察覺到這一點，就會立刻關上心門。
因此總覺得和客戶的互動很尷尬。
處於這樣的狀態下，姑且不論別的，我自己就難受極了。

我的所作所為令人不悅……

抱著這種感覺，真的很痛苦。
想必客戶一定也覺得很難受。
要一直被問一些不願意回答的問題，還要聽那些根本不想聽的提案，當然會擺臭臉。這一點我也很能理解。

懂得敏銳地察覺客戶情緒，進而貼心安撫，並繼續執行業務工作——這項技巧對業務員的重要性，恐怕將與日俱增。

這不就是內向者的專長嗎？這樣說應該不為過吧？

正因為內向型業務員對「別人的情緒」感受很敏銳，所以有能力完成細膩且零缺點的探詢任務。

- **愛操心的個性**
- **會在意細節的特性**
- **謹慎行事，討厭犯錯**
- **戰戰兢兢，怕被任何人討厭**

如果各位符合上述任一項個性或特質，要記得那是個很了不起的優點。

「請容我先確認這項商品是否符合您的需求，會占用您些許時間，但都是為您設想的安排，懇請多多包涵。」

把對「探詢」的觀念做出如上的調整後，我內心的世界豁然開朗。

客戶開始願意接受我。

客戶開始樂意找我說話。

到了最後，客戶還會很愉快地說「我要下單。」

一切都應該聚焦在「為客戶著想」。

如此一來，我們就能輕而易舉地進入下一個「**簡報**」階段。

前言
序章
第一章
第二章
第三章
第四章

第五章
用最省話的方式，贏得客戶的「認同」！
——階段④簡報

第六章
第七章
代跋
附錄

直接了當講明白！「簡報」的用意究竟為何？

探詢完畢之後，我推薦各位使用的這一套「**階段式業務推廣法**」（請參閱第五〇頁）就走完一半了。

讓我們先來回顧這一路走來的歷程。

首先，我們在階段①「開發新客戶」階段找到了業務推廣的對象。

接著，我們登門拜訪這個客戶候選人。

面對懷有戒心的客戶時進行階段②「破冰」。

等客戶卸下心防之後，再透過階段③「探詢」來確認客戶的狀況。

所以這一章就要輪到階段④「**簡報（商品說明）**」上場了。

簡報的目的，是要「**提供最適合客戶的說明**」。

對了，各位擅長做「商品說明」嗎？

在找出「階段式業務推廣法」之前，我實在是很不擅長做商品說明。

階段④簡報的用意

目的▶提供最適合客戶的說明

重點
- 善用探詢時掌握的資訊
- 只需簡要說明客戶想聽的部分

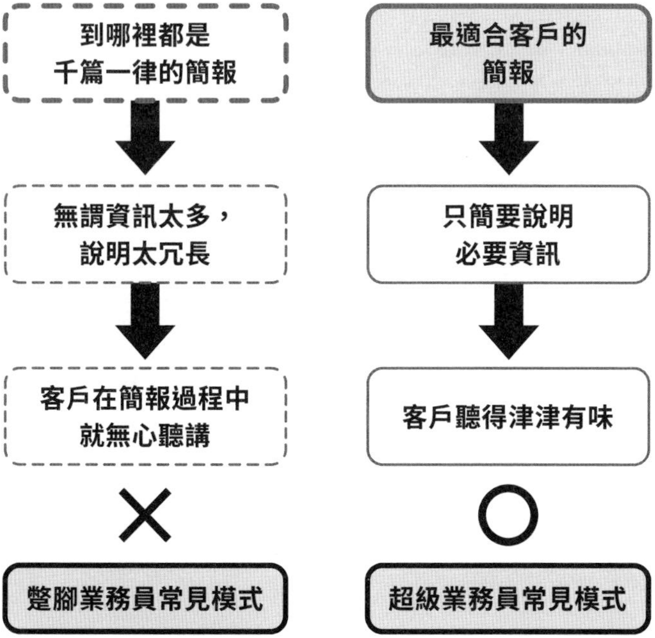

這些年來我看到的內向型業務員，也都是同樣的狀況。

為什麼會這樣？

因為我們原本就不擅言辭，所以很難流暢地說明商品。支吾結巴、口誤失言等，都是家常便飯，一講錯就更著急、更緊張，就更讓我精疲力竭。

即使我記得該說什麼話，但就是會滿腦子想著要把話說對，完全不顧內容講得如何，反而更難打動客戶。

此外，我還有一件最不擅長的事。

那就是角色扮演。

我實在是很不願意回想起當年在公司，和主管、前輩練習業務話術的情景。

對我來說，角色扮演比實際去跑業務更緊張。

最大的癥結點就在於我沒辦法「**入戲**」。

我以前老是被留下來加強，一再被要求重新演練話術。

如果各位現在正因為諸如此類的狀況而吃足苦頭，那麼這一章將會對您很有幫助。

因為在本章中，各位將學會輕鬆成交的說明方法，讓您從此不必再辛苦練習。

商品說明的關鍵，在於如何儘量「不說明」！

當年我還是蹩腳業務員時，三天兩頭就發生這種事：

我：「關於這項商品的特色，首先是……其次是……，還有……。」

客戶：「……」（沒反應）

我：「……啊！還有〇〇，也是一大特色喔！」

客戶：「……」（沒反應）

我：「……」（哇……我已經沒有什麼好說明的了，怎麼辦？）

我拚命地說明自己記得的商品知識，但任憑我再怎麼說，客戶就是一貫地雙手抱胸，毫無反應。

場面當然很快就陷入了沉默。我只好一再重複同樣的說明，死命地填補空檔。時至今日，回想起當年那種沉悶的氣氛，我還是覺得毛骨悚然。

「**想讓業績長紅，就要具備豐富的商品知識，還要能滔滔不絕、天南地北地說明**」這是我當年對業務工作擅加解讀的結果。日後我在顧問界看到的那些蹩腳業務員們，也都有同樣的觀念。

但這個想法其實錯得離譜。

因為業務推廣時，要「不說明，業績才會好」。

說穿了，其實業務員的說明時間愈短，業績才會愈旺。

原因在於客戶只想聽自己有興趣的內容，不願從頭到尾乖乖聽完業務員的說明。

客戶會表現出一副百無聊賴的模樣，是因為那些對他們來說可有可無的說明實在太冗長。

「那要怎麼做才能縮短說明？」

這時就要輪到上一個階段——探詢的意義登場了。

- 確認客戶掌握了哪些事項（瞭解自己有哪些事情不必贅述）
- 瞭解客戶有興趣的題材（知道自己該說明哪些事項）

「探詢」的目的，是要幫助我們省去不必要的說明，同時還要蒐集資訊，以便做出最適合客戶的說明。

也就是說，「探詢」和「商品說明」之間，其實有著相當密切的關係。

當年那個業績低迷的我，探詢簡直做得一敗塗地。

即使做了探詢，也只是徒具形式，根本連結不到後續的商品說明。

結果說明的都是一些不必要的內容，客戶的心也因此離我遠去。

況且說實在的，現在客戶想知道什麼事，只要打開手機就能上網查。

他們掌握的資訊愈來愈豐富。

換言之，真正需要業務員說明的事項，正在逐漸減少。

說得誇張一點，各位甚至可以把說明的分量，想成是過去的十分之一。

業務員不見得一定要把長篇大論的內容，講得行雲流水。

也不必為了說得精彩而一再練習。

這樣做，客戶的反應反而會更好。

讓客戶覺得「自己很特別」的溝通訣竅

循「階段式業務推廣法」的模式，在探詢過後進行的商品說明，大致會是這樣：

我：「這個部分各位已經很清楚，不必再多作說明，對吧？」

客戶：「沒錯。」

我：「剛才您說想再多瞭解○○……」

客戶：「對，我想再聽聽這個部分。」

若能順著這個流程走，接著各位就可以滿懷信心地說明了吧？

這個部分的重點如下：

- 剛才您說過了，對吧？↓所以我才會這樣做

只要以「客戶在探詢階段說過的話」為基礎，採取適當行動，客戶就會像是換了一個人似的，積極地與各位互動。

因此，在探詢階段時，盡可能地讓客戶開口暢談，顯得格外重要。

此外，我們還可以祭出這些說詞：

「我記得您說過您喜歡〇〇，那這一款怎麼樣？」

「我記得您說過要以〇〇為優先考量，對吧？」

「因為您說不需要〇〇，所以我就先把它排除了。」

用這樣的表達方式，就更能向眼前的客戶強調「**這些說明都是您專屬的**」。

當客戶感受到所有說明都是專為自己量身打造時，就會對業務員萌生信任。以結果來看，這樣操作之後，客戶就會願意認真聽我們的說明。萬一在說明過程中有不明白的地方，也會願意主動提問。

於是雙方就能順勢自然地展開對話。

這種輕鬆互動的滋味，各位只要嘗過一次，保證再也不會想回到以往那種沉重、單向的說明方式。

把客戶意見當作「商品評論」來運用

這裡要冒昧請教各位一個問題：

各位打算在網路上選購某項商品時，是否曾經瀏覽該商品的「**顧客意見（評價）**呢」？

我幾乎每次都會看。

尤其在網路上購物，無法實際拿起商品來確認，有問題也不能問店員。

雖然網站上都有商品介紹或規格，但光看這些，總讓人很難放心下單。

這時只要看看商品評價，就能知道它的風評如何。

有些評價固然帶有人為操作的成分，不過大致上都是直接坦率的意見，值得參考。

其中特別值得我們關注的，是對商品的「**負面評價**」。

絕大多數的商品傳單上，都會用斗大的字體寫出商品的優點；至於缺點或負面消息，則是用小字印在角落。

業務員多半也都不會主動談論自家商品的缺點。

因為他們抱有「負面消息一講，說不定商品就賣不出去了」的心態，當然會想隱瞞。

然而，事實並非如此。

買方真正相信的，是那些優缺點都敢講的人。

就這一層涵義上來說，網路上的評價可說是比業務員更值得信賴。

實際上，各位在網路上購物時，是否曾選購有一星評價的低分商品呢？看得到商品的優點和缺點，反而更能讓我們放心購買。

因此，我想向各位推薦的說明手法，是「**把客戶的真實意見當作商品評價來用**」。

這個方法的操作非常簡單，業務員不必自己描述，只要引述客戶說的話來當商品說明即可。

訣竅是要加入正反兩方的資訊。

例如像這樣：

「上次買過的客人說：『產品性能和別家廠商大同小異，不過這家在全國都有據點，有什麼問題都不用擔心』。」

「實際使用過的客戶表示：『本來我很擔心它沒有〇〇功能，但習慣之後就完全沒問題了』。」

「先前也有一位客戶很猶豫，後來他覺得『雖然是貴了一點，但以長遠來看，還是它比較划算』，就決定下單了。」

業務員這麼一說，就能讓這些真實意見在洽談過程中，複製出和網路評價同樣的效果。

因為同樣的內容，直接引述客戶說過的話，會比業務員用自己的話術表達更有說服力。

各位覺得怎麼樣？

就算是像你我這樣的內向型業務員，應該也能開口說明清楚，而不帶任何罪惡感吧？

「**這個人還真是老實，他說的話應該可以信得過。**」

這些說詞，甚至有為自己拉抬信任的效果。

因此，請各位平時就要養成習慣，每當客戶確定下單購買時，務必詢問客戶「**決定購買的原因**」。

只要多累積一些這樣的答案，就算說明時結結巴巴，也必定可以增加我們的說服力。

這也是木訥業務員的一種用心。

將「影片」優勢發揮到極致的方法

笨嘴拙舌的內向型業務員，與其拚命練習口條，不如認真想幾個加強說服力的方法。

不論是從我個人長年來的經驗，或是檢視多位內向型業務員在經過我輔導後的成果，我都對這個論調很有信心。

不管業務員再怎麼舌粲蓮花地將故事說得精彩，結果很大的機率都是不了了之；反之，口條不怎麼樣，卻句句充滿說服力的案例，倒是屢見不鮮。

而各位的目標，當然是後者吧？

重點在於如何讓對方對簡報內容感興趣。

我在辦講座課程時，開場通常會先做個自我介紹。這時候，我總會先說：

「**請各位看一下這個。**」

接著就在螢幕上播放影片。

影片內容是很多野猴子到處跑來跑去。

先讓學員觀賞約十五秒之後，我才開口說話。

「**這是從我家窗戶拍攝到的影片。我住的地方很鄉下，這樣的景象很常見。**」

我把這個橋段當作開場白，這樣一來，學員的目光就會望向螢幕，而不是盯著我看。

這一招是為了避免我突然出現在臺上時，成為眾人目光的焦點。

最重要的是，在播放影片的過程中，我完全不需要說話。

這樣做的效果，能讓我自己冷靜下來。

像這樣讓客戶看一段事先備妥的材料，是最適合我們內向型業務員的開場手法。

因為在客戶觀賞時，我們即使保持沉默也無妨。
現代社會幾乎人人都有手機或平板。
這些工具不僅可以拍照，還能輕鬆錄製影片。
我們怎麼能放過這種可以運用在商品說明的好方法？
更何況，影像素材比業務員口沫橫飛的描述，更有說服力。
想必有些企業早已備妥相關的說明影片。
或許這些影片已經過用心剪輯，內容清晰流暢。

但問題在於影片長度。

愈是習慣在YouTube等影音平臺觀賞影片的人，愈不願意花太多時間看影片。
要是觀眾看到一半就分心，那麼播放影片就沒有意義了。
因此，影片長度最好控制在「**一分鐘左右**」。
如果各位想用影片說明的事項很多，請分別將各個項目剪成短片，等說明到該項目時再播放。

此外，我建議各位盡可能使用自己拍攝的影片。

我們畢竟不是專業攝影師，所以只要拍出能看清動作的影片就可以了。

我有個客戶是清潔公司，他們就將清潔人員實際清掃時的景象拍成影片素材，並加以運用。

客戶：「我對清潔冷氣的印象，就是會弄得到處都是水……」

業務員：「實際作業的情況，大概會像這樣。」（播影片給客戶看）

客戶：「原來如此，這樣就沒問題了。因為我的電視機放在冷氣下方，所以有點不放心。」

業務員：「這一點請您放心。」

客戶：「對了……咦？影片中是你在執行清潔工作？」

業務員：「對啊，看起來有點不協調。」（笑）

客戶：「你穿工作服還滿好看的嘛！」

談話氣氛很融洽吧？

光是嘴上說說「請您放心」之類的話，很難真正打動客戶，據說這家清潔公司就靠著「趁客戶產生擔憂時播放影片」這一招，讓客戶對他們放心。

在口頭說明的過程中加入影片輔助，還能為整段說明增添適度調劑，轉換現場氣氛。

而且播放影片時，客戶會默默地盯著同一個螢幕看。

也就是說，即使業務員和客戶沒有面對面，也不會覺得尷尬。

我強烈建議內向型業務員選用這個方法。

我們常會被要求「要看著對方的眼睛說話」，但內向型業務員一旦盯著對方眼睛，往往會莫名地緊張，反而難以發揮。

與其如此，倒不如用心創造一些可以不必和客戶對望的場景吧！

- 「請看這個地方。」（手指著商品宣傳冊說）

- 「我馬上查一下。」（一邊翻找目錄）
- 「請您拿起來看看。」（把實物交給對方）

這時若能再搭配影片，就可以在不直視客戶眼睛的情況下，自然地互動。

既然我們現在都具備了可以輕鬆運用影片的條件，當然期盼各位都能在業務推廣的過程中善加利用。

該如何面對在眾人面前的簡報？

曾經有很長一段時間，我總是做不好某件事。

就是在眾人面前發表簡報。

儘管現在我已經能在千位觀眾面前演講，但在不久之前，我其實根本就沒辦法在大家面前說話。

我想內向者應該都大同小異——我們向來都選擇避免在人前站出來說話，所以這種對大眾發表言論的經驗，更是少之又少。

我們既沒有高超的演說技巧，又缺乏足以引人發笑的機智幽默。

在我出社會的第二年，發生過這樣的事件。

當時有一場新產品發表會，我們每個業務員都要分擔一部分的發表。

這種情況當然不允許我自己一個人說「辦不到」。

發表會的前一週，我幾乎已經是食不下嚥的狀態。

但我還是告訴自己：「才十分鐘，沒問題的！」並設法把臺詞背起來。

到了發表會當天，終於輪到我上臺的時候……

我一站上講臺，就開始滔滔不絕地說話，想趁還沒忘詞之前趕快講完。

當時我說話的速度一定很快。

接著，終於來到了那一刻。

是的，我突然忘詞了。

我在腦中一片空白的情況下拚命地想，但愈是心急就愈想不起那些臺詞。
我沉默半晌，掙扎了一會兒，最後還是覺得「我不行了……」。
於是我默默地向臺下一鞠躬，然後走下講臺。
是的，我沒把話講完就下臺離開了。
情況實在是太慘烈，連主管都不敢來找我說話。
「我果然還是沒辦法在大家面前說話。」
這件事成了我的陰影，後來我就完全無法在人群前站出來說話了。
內向者一定能體會我的心情。
各位一定也曾因為一時緊張而大出洋相。
我們這種內向型業務員，即使勉強能和客戶一對一談生意，但只要人數一多，就會緊張得連話都說不好。
那我究竟是如何學會在大家面前開口說話的呢？
我掌握了三個訣竅。

①正式開始前先主動攀談

②**明白表示自己不擅言辭**

③**釐清目標**

接下來就讓我們在下一節逐一探討這些訣竅。

內向型業務員說話不緊張的三個訣竅

誠如剛才所說，要讓不擅言辭又容易緊張的業務員在眾人面前做好簡報，必須掌握三個訣竅。

正式開始前先主動攀談

這是我個人經常使用的妙招。在講座課程等活動當中，我也會鼓勵學員多加運用。

各位是否認為一對多的簡報，就是業務員一個人滔滔不絕，其他人只要默默地聽就好呢？

這個觀念大錯特錯。

認定「簡報時必須自己從頭到尾唱獨角戲」的觀念，只會帶給我們更多壓力。

請各位把簡報想成是一種「**對話**」。

正因為是「對話」，所以我在開始發表簡報之前，都會要求自己一定要「**找人攀談**」。

例如在演講時，我會對著最後排的人這樣說：

「我的聲音很小，這樣聽得到嗎？」

此話一出，臺下的人就會說「聽得到」，或用雙手比出圓圈回應。

或者我會這樣說：

「今天後面有攝影機在拍，請各位別介意。」

同時也指一指攝影機。

如此一來，學員們的注意力就會暫時從我身上轉移到會場後方。

自從我固定在開場時先和與會者攀談幾句之後，就能在公開談話時順利進入正題了。

這個方法除了用來紓緩我們自己的緊張之外，也能消除與會者的緊繃情緒，讓會場的氣氛瞬間緩和下來。

請各位不妨試著在發表簡報時，先在開場和大家「攀談」一下。

明白表示自己不擅言辭

愈是想著「我一定要講得流暢精彩……」，愈會讓人緊張。

我剛開始上臺講課時，也覺得當講師的人口條當然要好。

我愈是這樣想，愈緊張得說不出話。

而且我還發現：當我老是在意自己的談吐和話術時，反而會讓大家聽不懂真正重要的「內容」部分。

於是我決定改變作戰策略。

「我從小在班上就是個沉默寡言的人，而且很容易緊張，動不動就面紅耳赤、滿身大汗。對初次見面的人更是不敢隨便搭話，個性很內向。」

我決定在開場自我介紹時，先開門見山地講這段話，以營造一個「**講錯話也無**

妨」的狀態。

先打好這一劑預防針，若真的說錯了什麼，我就能忽略不管，聽的人也不會太在意，簡直一舉兩得。

在業務推廣時，也可以如法炮製。

「我很容易緊張，嚴重到大家都說我根本不像個業務，而且還很不擅長說話，所以如果等一下有點結巴支吾，還請各位多包涵。」

各位要不要試看看用這樣的方式開場呢？

釐清目標

最後要談的，是在大家面前說話時的心態。

所謂的心態只是一個念頭，各位不必事先練習，當場就能做得到。

「今天這場演講，只要讓大家知道業績高低與口條好壞無關就行了。」

我在演講的一開始，總會對自己這麼說。

我今天是為何而來？而學員們又是想得到什麼？

就像這樣，先對目標有一個明確的想像，以釐清自己所扮演的角色。

如此一來，即使話說得結結巴巴，還是能發揮說服力。

事實上，自從我學會釐清目標再發言論述至今，各場演講的滿意度調查結果都大幅成長。

儘管我仍不擅言辭，但已經可以在問卷中拿到幾近滿分的成績。

業務員的簡報其實也一樣。

一味在意「口條要好」的業務，往往會把注意力放在口條上，而忽略了客戶。

那我們究竟是為了什麼而講得口沫橫飛呢？

「今天這場簡報，我只要讓客戶清楚掌握商品的三項特色就好。」

只要像這樣，預先設下自己的目標，就能把想講的話明白地傳達給對方，而不會因為自己的口條好壞而分心。

以上我們探討了「在多人面前簡報時」的訣竅。

至今我在演講論述時，仍會隨時將這三個訣竅銘記在心。

請各位務必一試。

先將客戶分為三大類，就能半自動地應對！

如前所述，在探詢過程中，我們要問出必要資訊，以便後續為客戶進行最合適的商品說明。

當我們根據這些資訊做完商品說明後，客戶的反應可分為以下三種：

①下單：「不錯，我要下單。」

②不下單：「我知道它有什麼優點了，但我現在好像還不需要。」

③猶豫不決：「嗯……該怎麼辦呢……」

接著業務員就只要針對這三種反應，半自動地採取下列行動來因應即可。

就讓我們分別來看看這些反應。

下單

這就只要直接讓客戶下單購買就可以了。

當我們學會如何為客戶做合適的說明之後，就能像這樣，只是說明一下就能拿到訂單。

確定下單之後，當然就是我們的客戶，因此業務流程就要進入下一個階段——「**跟催**」。

不下單

很多業務員在此時會做的，是設法強迫對方下單。

「快別這麼說，請您趕快下單吧！」✕
「請您再重新考慮一下！」✕
「只要您願意下單，要我再說明幾次都行！」✕

有人說「被拒絕之後，才是業務的決勝關鍵」——這真是個天大的歪理。

如果客戶已經說了不買，就坦然地接受吧。

繼續糾纏下去，過去一路累積起來的信任，就會全盤瓦解。

我再三強調，本書所推薦的這一套「階段式業務推廣法」，是以累積客戶信任為根本。

如果當客戶一說「不買」，業務員就發動死纏爛打的攻勢，那麼客戶便會覺得：

「什麼嘛！說得那麼好聽，結果還不都是為了自己的業績。」

對業務員的信任也會急劇下降。

一旦信任打折，要重新建立絕對是件不容易的事。

於是業務員無法跟催、持續跟客戶保持聯繫，客戶就這樣從客戶名單中消失。

為避免這樣的慘劇發生，對於那些已經決定「不下單」的客戶，我們就留下一句：

「好的，我明白了。那我今天就先告辭了。」

然後老實地離開吧！

接著請把這個客戶列入「**跟催名單**」。

這樣一來，我們就能繼續和客戶維持良好的互動關係。

猶豫不決

只有這一類的客戶會進入「**收尾**」階段。

會猶豫不決，表示客戶處於「**有購買意願，但還有一些考量，以致於無法馬上說好**」的狀態。

換言之，需求是存在的。

後續只要解決客戶的考量，「猶豫不決」就會轉為「下單」。

即使客戶評估後的結果是「不下單」，我們還是可以轉入「**跟催**」階段，把這個客戶當作潛在客戶來經營，保留任何可能。

做完簡報後的客戶因應方案

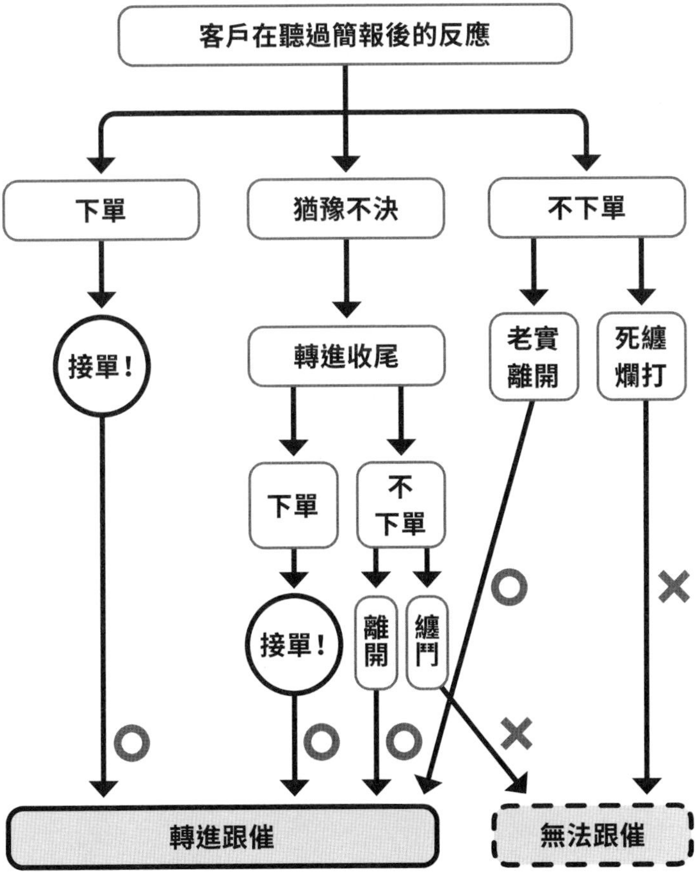

若將上述內容以圖表呈現，就會如上頁所示。

業績低迷的日子，總會有很多迷惘——以往我也是如此。業務員的情緒很容易隨著客戶的反應而起伏，甚至每次都會忍不住地想「**接下來我該怎麼辦？**」

於是業務員不敢拿出明確的態度，最後變得歹戲拖棚才結案。想必各位一定也常大感懊悔，覺得「**要是我當時這樣做就好了**」。

尤其是我們這種內向性格的人，往往會自尋煩惱、鑽牛角尖，於是我們在客戶心目中的形象，通常會變得很糟糕。

而這個問題，各位只要依照前述內容，將客戶的反應分為三大類，就能不偏不倚地做出最合適的因應。

所以，接下來我們要探討如何應對那些「**猶豫不決**」的客戶，也就是進入「**收尾**」階段。

我所準備的，當然也是可以讓內向型業務員不必勉強或是委屈自己的方法，所以請各位輕鬆地看下去。

前言

序章

第一章

第二章

第三章

第四章

第五章

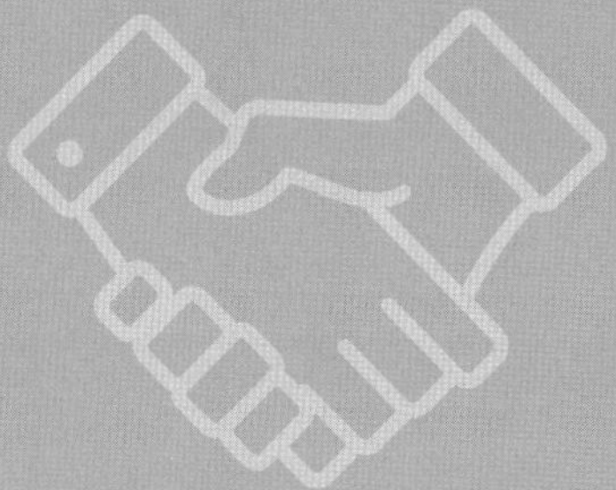

第六章 客戶「不下單的理由」陸續消失！
——階段⑤收尾

第七章

代跋

附錄

擅於收尾的業務員，有這些共通點

一路走來，我看過很多內向型業務員，但從不曾有人敢自稱「**擅於收尾**」。反而常有業務員來找我商量，或提出這樣的問題：

「如何加強自己的說服力？」

「我很不擅長收尾，業績很差。」

「因為我不敢對客戶說重話，所以業績才這麼差嗎？」

面對這些問題，我都會這樣回答：

「**在收尾階段，你不可以說服客戶。**」

聽到這話，大家都會露出「？」的表情。

各位的心情，我很能理解。

提到「收尾」，業務員都會想到要拿出幹勁和毅力來跟客戶纏鬥，一再低頭拜託、強迫推銷，直到客戶願意下單為止。

這樣的印象確實很根深柢固。

當年業績長期低迷的我，也一直都這麼認為。

每次洽談要進入尾聲時，我就會覺得心情很沉重。

「差不多要進入收尾階段了。可是我真的很討厭看著客戶的眼睛說話……」

每次都懷抱著這樣的心情來收尾，所以我總是略低著頭，小聲地說：

「我們正在做活動，現在買很划算喔。」

我用盡全力的說服表現，就是這般。

這樣當然拿不到訂單。

一旦拿不到訂單，我就會這樣想：「**啊……我收尾的技巧果然很拙劣，得更加把勁練習才行……**」

但那些滿手訂單的人，個個都是強迫推銷，硬是拜託客戶下單，才有業績的嗎？

其實不然。

只要你仔細觀察，就會發現王牌業務員都這樣做：

「還有沒有什麼擔心的地方？」（語氣平靜）

「關於這一點，請您看看這裡。」（順勢讓對方看資料）

「對了，前幾天也有客戶說〇〇」（介紹「顧客意見」）

談話氣氛很融洽。

客戶也會笑盈盈地說「**那就訂這個吧**」，就這樣給出訂單。

所謂的「**收尾**」，本來就應該是這樣。

而不是拿出幹勁強迫推銷，硬是拜託客戶簽約。

「話是這麼說沒錯，可是最後還是要強勢地推一把才行吧？」

這樣想的確很有道理。

但實際操作之後，各位就會明白：

強迫推銷，硬是拜託客戶簽約的人，反而「拿不到訂單」。

至於個中原委，我會在下一章詳述。

有話直說道真相！「收尾」的用意為何？

提到「收尾」，難免會給人「**最後**」的印象。

所以業務員往往都會特別投入，覺得「都走到這裡了，無論如何都要做出結果」。

但收尾其實只是一個過程，要是在這裡硬拚，影響客戶對我們的信任，那才真的是一切都玩完了。

在此，請各位和我一起檢視整個業務洽談的流程，並確認「收尾」的目的。

收尾的目的，是「**在進行過商品說明之後，為那些猶豫不決的客戶，排除猶豫因素的作業**」。

這些猶豫不決的客戶，心中混雜著「想下單」和「不下單」這兩個念頭。

換言之，只要讓「不下單」的念頭消失，剩下的就只有「想下單」，自然就能成交了。

因此，我們應該關注的焦點，就只有「**猶豫因素**」而已。

階段⑤收尾的用意

目的▶為尚在猶豫的客戶排除「不願下單的理由」

重點

- 客戶決定不下單，就別再強迫推銷
- 善加運用工具和資料，而非話術

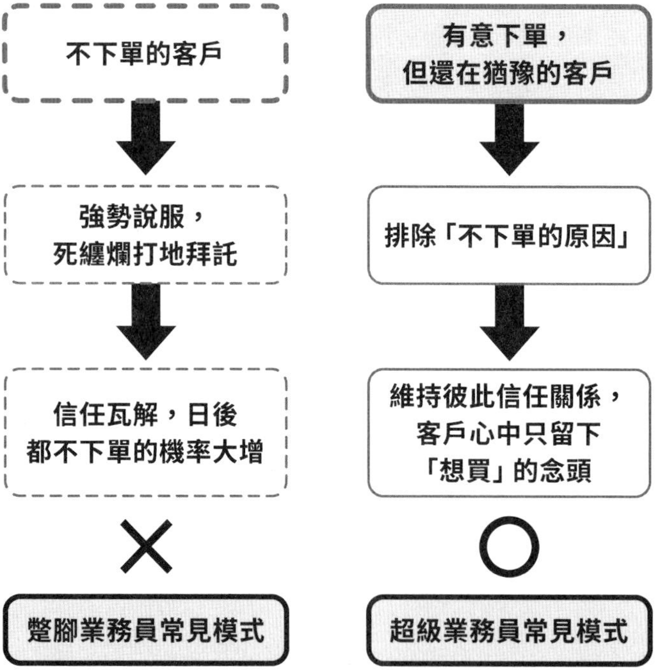

默默為客戶排除猶豫因素（不下單的理由），才是真正的收尾工作。

可是很多人都以為「這時要再三強調商品的優點，設法說服客戶下單」。但客戶早已瞭解商品的優點，所以才會有「想下單」的念頭，並把它和「不想下單」的想法拿來放在天秤兩端衡量，猶豫不決。

請各位試想客戶腦中有個天秤。

要讓天秤倒向「想下單」的一方，只要把放在「不下單」那一方的東西（猶豫因素）一個個拿掉即可。

「那為什麼以往『收尾』會給人推銷的印象？」

說的也是。

在進入詳細論述之前，讓我們先來看看形成這個印象的原因。

你會選擇哪一種路線？

為什麼收尾會被認為是推銷的時機呢？

因為它發生在「**簡報之後**」。

在「強迫推銷，硬是拜託型」的業務推廣活動當中，進行過商品說明之後，通常對每一位選擇「不下單」的客戶，都會進行「收尾」工作。

換言之也就是對本書中分類為「不下單」和「猶豫不決（暫不下單）」的人，都給予同樣的處置。

在業務圈子裡，常有人說「該怎麼樣才能讓不買的客戶回心轉意」，所指涉的對象，基本上也只有「不下單」的人而已。

因為這句話的背後，是以「**客戶都在說謊**」為前提。

換句話說，以往的業務推廣路線，都是建立在下列這些論述上：

客戶對業務員都很有戒心，不願說出真心話

←所以

客戶說謊的機率很高

←所以

就算客戶嘴上說「不需要」，也可能是在說謊

←所以

只要強迫推銷，硬是拜託，客戶說不定就會買單

然而，若以這些前提來從事業務推廣活動，業務員和客戶之間難免淪為爾虞我詐，互動尷尬。

我不想再做這種互相欺瞞的業務工作，況且它也已逐漸不管用了。

本書所介紹的「階段式業務推廣法」，才是有效的方法：

客戶對業務員都很有戒心

←所以

要先破冰，卸下客戶心防

←所以

客戶在探詢過程願意說真心話

←所以

商品說明也能依客戶需求，對症下藥

←所以

「下單」、「不下單」、「猶豫不決」三種客戶分類清楚明白

←所以

可以信得過客戶所說的「不下單」

←所以

轉為「跟催」，不強迫推銷

實際上，那些業績長紅的業務員，操作的業務推廣流程都是後者。

他們所做的每個行動，都蘊涵著對客戶信任的重視。
所以在收尾階段，絕不能硬是說服客戶買單。

消除客戶「不下單理由」的收尾法

內向者的特質之一，就是「**能客觀地審視事物**」。
而這項特質最適合用在收尾。
因為內向者可透過冷靜地審視商品，發現平常一般人注意不到的細節。
請各位再次翻閱自家商品的宣傳手冊。
上面應該刊載了一些商品的特色，或是其他競品所沒有的優點。
宣傳手冊基本上就是用來推銷商品的工具，商品的優點當然會寫在上面。
「業界最薄的液晶電視！」
「〇〇百萬畫素！畫面保證夠漂亮！」

「保固十年最放心！」

不過，如果我們冷靜下來，換個角度來看，就會變成這樣：

「那麼薄，到底夠不夠堅固啊？」

「跟我說畫素有多高，畫面上根本看不出來啊！」

「那麼強調有保固，意思是很容易壞囉？」

客戶的「**不下單理由**」，指的就是這些部分。

不論業務員再怎麼強調商品的「優點」，只要客戶心中還有半點疑慮，就會猶豫該不該買。

而察覺客戶內心的這些想法，正是內向型業務員的強項，對吧？

此外，常保持客觀觀點的內向型業務員，應該也很擅於找出自家商品的「**隱憂**」。

建議各位不妨針對客戶可能產生疑慮的部分，先備妥話術或說明工具。

例如像以下這樣：

- 「那麼薄，到底夠不夠堅固啊？」

→「這是我們進行強度測試的影片。在日常生活當中，我想產品基本上應該

不會受到這麼強烈的撞擊才對。」（一邊讓客戶觀看影片）

- 「跟我說畫素有多高，畫面上根本看不出來啊！」

↓「您說得沒錯。在一般影片上的表現的確是大同小異，但在瀏覽網頁等文字資訊較多的素材時，畫素愈高，看得會愈清楚。」（一邊拿出文字的近拍比較照片給客戶看）

- 「那麼強調有保固，意思是很容易壞囉？」

↓「的確會給人這樣的感覺。但請您看這張圖表，它呈現的是電視機銷售量和送修件數。其實我們這個機種，已經是幾近零故障的水準。」（一邊讓客戶看圖表）

各位覺得怎麼樣呢？

站在「客戶的觀點」，察覺他們可能的疑慮，並預先做好準備。

這就是為客戶消除「不下單理由」的收尾方法。

此外，這種時候，與其用口頭說明，不如多拿出工具或資料，告訴客戶「**請看這裡**」，客戶也比較能做出客觀的判斷。

最重要的是，它們很適合內向型業務員使用。

請各位也好好蒐集客戶口中的那些「**疑慮**」，和您自己發現的「缺點」，並製作成收尾用的資料吧！

實際上，我自己就在洽談業務時，用過很多諸如此類的收尾資料。

就某種層面上來說，只要備妥這些資料就等於是全副武裝狀態，能讓自己充滿信心，同時具備讓自己沉著以對的效果。

請各位也務必試一試。

誤踩這個地雷，所有努力都將付諸流水

聽到客戶說「不下單」之後，業務員就老實地離開，不再強迫推銷……

這是一個很重要的動作，一方面也是為了避免破壞過去這段時間所建立的信任關係。

這裡我要分享一個例子，是我以前在偕同拜訪，指導業務員時所發生的故事。

當時我們正在和客戶洽談。

就在我們做完商品說明後，和客戶有了以下這樣的互動：

客戶：「這個我們應該用不到吧。」

業務員：「不，可是……」

我一邊拉住還有話想說的業務員，一邊開口說話。

我：「說的也是。在剛才的談話當中，您也提到它和目前的系統不相容，對吧？」

客戶：「是啊，我覺得商品本身是很好，但它就是不符合我們的作業需求。」

業務員：「我明白了。感謝您特地撥冗和我們見面。」

客戶：「我才要謝謝你們特地跑一趟過來，真是不好意思。」

雙方都很清楚這次不會成交，所以我們兩個業務就這樣打道回府，沒有再往下收尾。

結果這天傍晚，我們接到了那個客戶打來的電話。

「**我朋友對剛才的那個商品很有興趣，所以想介紹給你們，不知道方不方便？**」

我們當然一口答應，也安排擇日去拜訪那位朋友，後來還順利成交了。

各位聽完之後，有什麼感想呢？

當我們所做的每個行動，都蘊涵著對客戶信任的重視時，就會帶來這樣的結果。

若我們被客戶拒絕時，願意老實離開，那麼客戶對業務員的印象就會完全改觀，覺得：

「**這個業務員很明白我們的立場，看來是個可以信任的人。**」

況且後續還能維持彼此的互動關係，一方面有機會像上述這個例子一樣，獲得引薦的機會；另一方面，如果日後狀況改變，客戶自己有需求時，自然就會「找你下單」。

設法增加這種客戶，才是業務員該做的工作。

每次去拜訪客戶都受到熱情歡迎，和每次都被無情地趕走，兩者究竟孰優孰劣，我想答案已經很明顯了吧？

只要客戶說「不下單」，就老實地離開。

這一派的做法，我要特別推薦給那些不太會勉強別人的內向型業務。

「現有客戶的意見」是收尾的終極利器

每次遇到那些苦於業績不振的業務員，我都會問這個問題：

「**你有去拜訪現有客戶嗎？**」

一問之下，幾乎絕大多數的人都會回答「沒有」。

想必大家都是認為「要是有那個閒功夫去拜訪已經成交的客戶，不如多開發新客戶，對業績才有貢獻」吧？

實際上，愈是業績長紅的業務員，愈會勤於拜訪現有客戶。

基於這個理由，我一向都會對那些業績不振的業務員說：「請你一定要去拜訪現有客戶。」但總會有人問這個問題：

「**可是我去了要做什麼？**」他們很疑惑，覺得「既然去了又接不到新單，那去拜訪還有意義嗎？」

我會這樣回答他們：

「你不是要去賣東西，而是要去打探消息。」

說得更具體一點，其實就是要去探詢客戶在下單前後的心境。例如下列這些問題：

- 促使您決定下單購買我們商品的關鍵是什麼？
- 下單時有沒有猶豫過？如果有，是什麼因素讓您猶豫？
- 您對商品的印象，在下單前後有無不同？

其實很多客戶都會在同樣的地方猶豫。

「前幾天有個客戶也是在猶豫這一點，後來他決定以〇〇為優先。」

還會有一些業務員意料之外的因素，成為促使客戶下單的關鍵。

「前幾天有一位客戶說，他因為喜歡〇〇，所以才買了我們的商品。」

此外，讓客戶代替我們表達意見，還能加強說服力。

「前幾天下單的客戶，說他實際用過之後，發現威力超乎想像。」

客戶所說的話，是毫無欺瞞的真實感想，隱藏的資訊價值相當可觀。

再從體貼客戶的角度來看，「**現有客戶的真實意見**」是最具威力的收尾工具。

只要拿出客戶願意聽進去且極具說服力的手法，業務員就再也不需要動用那些拙劣的收尾技術了。

正因為個性內向，才有機會說出「決定性因素」

前面我已再三強調「收尾時嚴禁對客戶強勢硬推」。

我想原因各位應該也都能認同。

那麼，如果從探詢的結果當中，發覺「**這個人絕對很適合我們公司的商品！**」時，也不能再大力推薦嗎？

就我的經驗看來，這種時候客戶大多會很快做出決定，但偶爾也會有猶豫不決的案例。

儘管我們心裡想著「沒什麼好猶豫了吧」，客戶就是遲遲不肯點頭說ＹＥＳ……說不定是因為這個客戶的個性也很謹慎。

這種時候，建議各位可以這樣說：

「**我掛保證推薦！**」

唯有在由衷地認為自家商品很適合眼前的客戶時，才可使用這種強力推薦的說詞——僅限於這種情況。

一般業務員不能使用這種話術。

只有內向型業務員才能用。

平時表現怯懦的人，竟突然強力推薦，客戶會怎麼想呢？

「怪了，他平常滿怯懦的，這次怎麼這麼強勢？表示這項商品真的很適合我們吧！」

因為是出自內向型業務員口中的保證，才具有高可信度。

當然這句話必須要發自內心才行。

如果只是當成花招來用，馬上就會露餡。

實際上，我個人也曾有幾次成交，是拜強勢硬推之賜。

當時我是真的很有信心，才不加思索地做出強勢發言。客戶先是有點驚訝，後來便說「好吧，既然你都這樣說了」，讓我成功拿下訂單。

正因為我們是個性謹慎的內向型業務員，所以沒辦法在只有七、八成信心時把話說得太強勢。

我們要約束自己，唯有在信心滿分時，才能說出這句「**殺手鐧**」。
說這句話的初衷是以「**為客戶著想**」的心態為前提，而不是賣產品。
那麼，客戶必定能感受到各位的一片真心。

客戶不下單時，就當作「多了一個跟催客戶」

讀到這裡，各位或許會這樣想。
「**收尾做得這麼散漫，真的可以拿到訂單嗎？**」
因為我提出「別強迫推銷」、「別死纏爛打」等主張，或許會讓人覺得收尾執行得有些鬆散。

我有一個朋友，是全球知名保險公司在日本的王牌業務員。
聽過他的工作方式之後，我更加確信一件事。

「不推銷，業績才會好！」

據說他每天都在賣保險。

光是聽到這句話，各位或許會以為他每天不眠不休、沒日沒夜地在工作，但其實並非如此。

「我完全不做電話約訪，一天拜訪的行程也頂多一、兩件，做得還滿悠哉的。」

那為什麼業績可以那麼好？

「保險這類商品，並不是去和客戶見面之後，客戶當場就會決定要不要下單的東西。所以說穿了，我其實根本沒打算推銷。」

「沒打算推銷!?」

「對啊，畢竟賣不出去的東西，就算我再怎麼想推銷，還是賣不出去呀。比起這些，我更認真思考『**以後該怎麼和這個人保持愉快的互動關係**』。」

「原來如此，也就是『**總有一天等到你**』的客戶囉？」

「沒錯。我有很多客戶，都是可以隨興去見面拜訪的，我的業務推廣活動，就是以增加這一類的客戶為主軸。如此經營客戶關係之後，他們當中總會有人有保險的需求，而我只要處理這些需求，結果就是幾乎每天都有業績進帳。」

聽完他這一番話，我不禁讚嘆。

他不追求「賣東西」，而是把業務推廣活動的主軸放在「增加跟催客戶」上，創造出卓越的成果。

「推銷」這個行為，會破壞客戶對我們的信任。

而「不推銷」這個舉動，則能幫助我們取得客戶的信任。

各位若能妥善消化這個概念，就可以滿懷信心地「不推銷」。

這個概念很重要，我再重新整理一下。

「收尾」並不是為了「想盡辦法讓客戶下單」而做的舉動。

而是要消除客戶「不下單」的理由，將客戶推向「想買」念頭的作業。

即使得到的結果是客戶「不下單」，也絕不能推銷。

只要開心地想著**「這樣我就又多一個跟催客戶啦！」**即可。

若能把增加跟催客戶當作業務推廣活動的主軸，那麼即使拿不到訂單，我們也不會太失望。

「雖然沒業績，但又多了三個跟催客戶，我今天表現得也很不錯。」

當我們學會抱持這種心態時，想必各位就已經是個「**超級業務員**」了吧。

下一章總算要談到階段式業務推廣法最後的「**跟催**」階段。

就某種層面而言，業務員的業績是否能突飛猛進，其實全仰賴這個階段的表現。

不過，我們不需要做什麼特別困難的事。

請各位帶著輕鬆的心情，進入下一章吧！

第七章 將來客戶會自己找上門來說「我想下單」！
── 階段⑥跟催

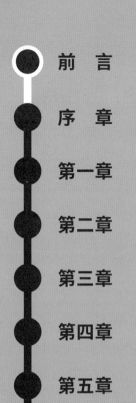

轉型為自在的業務推廣路線

業務工作做到收尾就告一段落，之後的跟催只要有做就好，時間要多花在開發新客戶上。

我想應該有很多業務都是這樣。

愈是業績低迷的人，愈會有這樣的傾向。

花了很多時間和客戶打好關係，然後催促那些有望成交的客戶趕快下單，結果反而嚇跑了客戶。

就這樣業務員自己把可以拜訪的客戶一個個搞砸，最後只好一直開發新客戶。因為無法和客戶建立信任，於是彼此話不投機，覺得滿腹煩悶；三天兩頭就被客戶拒絕，不斷累積精神上的打擊，最大的問題，是業績低迷導致信心全失。

每天都在這些失意中重複輪迴，一邊忍著胃痛，也要不斷向前奔跑……。
對於容易受傷的內向者而言，這簡直是在無止盡地累積壓力。
在前一章當中，我介紹過一位保險業務員，大家應該都很嚮往他那種可以工作得更自在的業務推廣路線吧。
愈是深耕客戶關係，愈能持續輕鬆地接單。
這種業務操作，可不是一小部分特定人士的專利。
人人都能做得到。
內向型業務員當然也沒問題！

這時，本章的主題——「跟催」就顯得格外重要。

要把跟催當作業務推廣活動的終點，而不是接到單就結束，如此一來，就能從精神折磨中解脫，還更能看到業務績效。
從下一節起，就讓我們更進一步來探討「跟催」。

坦白道破挑明說！「跟催」的用意是什麼？

為什麼執行「跟催」，就能同時解決「績效」和「從精神折磨解脫」這困擾著內向型業務員的兩大課題呢？

一開始，我要請各位先看看下一頁這張圖表。

跟催的目的，在於「和『不下單』的客戶保持關係」。在深化信任的同時，逐步朝「下單」邁進。

一般而言，人與人之間的接觸機會愈多，對方愈會對我們懷抱善意。這就是所謂的「札瓊克效應」（單純曝光效應），其效果在學術上也已獲得驗證。要特別留意的是：光是「去見個面」，恐難達到預期的效果。

當對方明顯已經在閃躲，業務員卻還硬是跑去見面，只會招來反效果——各位

階段⑥跟催的用意

目的▶和「不下單」的客戶保持關係

重點

- 維持與客戶之間的信任，並追求深化
- 在重視客戶清單人數的同時，也兼顧品質

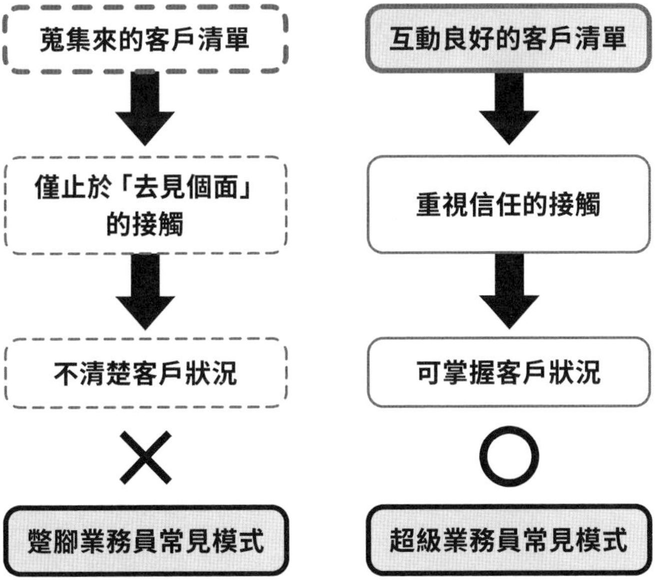

內向者對別人的情緒感受都很敏銳，想必很明白這個道理。

因此，在「階段式業務推廣法」當中的跟催，終究還是要以「**和客戶保持良好的關係**」作為優先考量。

那現在「不下單」的客戶，改天「想下單」的時候，會找哪個業務員洽詢呢？

接下來，我就要告訴各位一些具體的跟催方案，好讓各位在客戶有意下單時，必能雀屏中選。

能有這樣的觀念，業績必能突飛猛進！

假設我們在「破冰」時，就從談話的脈絡當中發現「這個客戶現在不會下單」。

既然不會下單，那再洽談下去也無濟於事。

這時，我們就要立刻轉進「跟催」。

即使是在簡報或收尾階段，也都一樣。

跟催客戶的增加機制

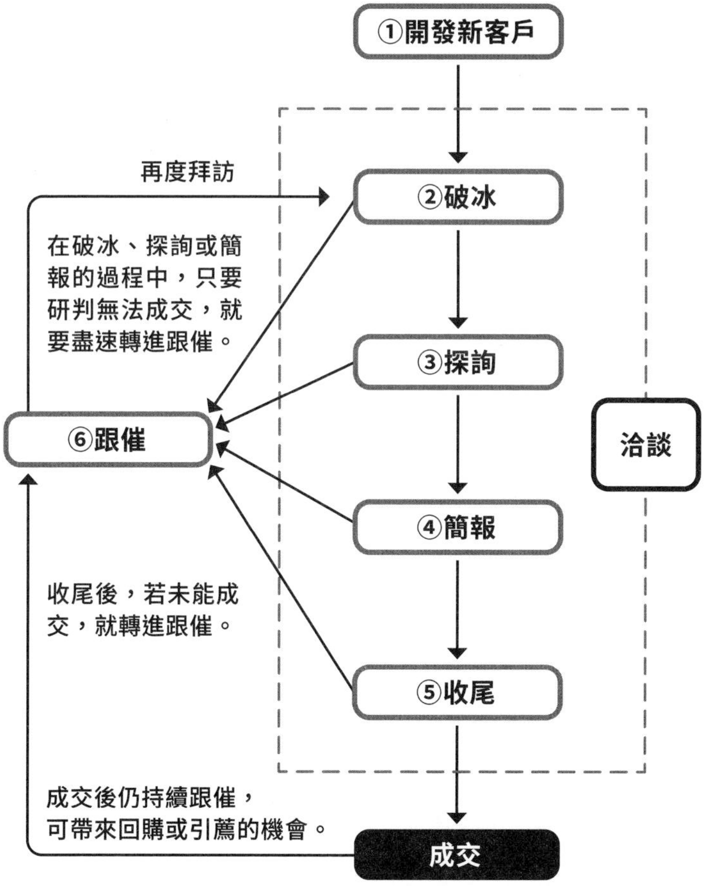
①開發新客戶
再度拜訪
②破冰
在破冰、探詢或簡報的過程中，只要研判無法成交，就要盡速轉進跟催。
③探詢
⑥跟催
洽談
④簡報
收尾後，若未能成交，就轉進跟催。
⑤收尾
成交後仍持續跟催，可帶來回購或引薦的機會。
成交

這裡要請各位看一下第二三九頁的圖表。

如圖所示，只要各位秉持「**業務員可以在洽談過程中的任何地方中斷，轉進跟催**」這點，業績就能突飛猛進。

主要原因有三。

可望發揮正確的札瓊克效應

經過探詢，我們確定客戶目前沒有需求。

於是雙方達成「今天做不成生意」的共識。

如果業務員能在此時結束洽談，就客戶的立場而言，等於是可以讓這場會談在「**這個業務員很明理，懂得體諒我方立場**」的印象中結束。

如果業務堅持要把洽談流程走完，就會讓客戶多聽一堆不想聽的商品說明，還要開口拒絕業務員無理的要求。

這樣做最後結果還是拿不到訂單，但客戶對業務的印象卻變差了，於是日後成交的難度也隨之提升。

如果在探詢結束時，已經可以判斷「**看來今天最好先告一段落，轉進跟催**」，雙方就不必平白增添任何不愉快。

這樣一來，下次要再約訪當然比較容易，見面時也能心平氣和地暢談。放大正確的札瓊克效應，能讓我們和業績之間的距離更靠近。

可以建立不討人厭的關係

客戶已經開口說「不下單」時，無論業務員再怎麼苦求「拜託您幫幫忙」，還是會被拒絕——這個結果顯而易見。

要是這樣還不懂得知所進退，到頭來只會惹惱客戶。

事後就算業務員想再回頭跟催這種被惹惱的客戶，恐怕也為時已晚。

和客戶建立易於跟催的客情關係，也是業務員很重要的工作。

在心態上，業務員要懂得「**買賣不成仁義在**」。

當各位意識到「再繼續強勢硬推下去會惹人嫌」時，就要立刻收手。

如此一來，就能留住下次成交的機會。

能切身感受到自己的業務推廣活動正在向前推進

業務員的考核都是一翻兩瞪眼。

端看業績好壞而定。

業績長紅，主管會又褒又讚；業績不振，就有聽不完的嘮叨碎唸。

最可怕的是，長期業績處於低迷狀態的罪惡感，對內向者來說是一份沉重的壓力。

拿到訂單尚且還能鬆一口氣，要是一直沒拿到訂單，整天心情都會很沮喪。

就別再過這種提心吊膽的日子了吧！

「今天雖然沒拿到訂單，但是多了一個可以跟催的客戶。」

這就是一件值得肯定的功勞(況且跟催客戶數本來就應該列為業務員的考核指標)。

就算主管吝於肯定，至少我們還是可以肯定自己。

請各位務必重視「跟催」工作——這也是為了讓我們切身感受到自己每天從事的業務推廣活動，正在向前推進。

轉為「重視跟催」的業務推廣路線後，一舉成為王牌業務員！

當各位學會轉念，懂得把「沒成交」想成是「增加跟催客戶人數」時，業務推廣路線就會改變——各位自然會開始重視自己和客戶的關係，進而獲得客戶信任，最後結果就是客戶主動找上門，帶動業績成長。

這裡我想分享一位S先生的案例，他因為策略性地重視跟催，成了公司裡的王牌業務。

S是一家精密儀器製造商的業務員。

他經手的多半是千萬日圓起跳的高價商品，所以在業務推廣的形態上，往往需要多次向客戶提報，才能看到業績進帳。

客戶則以擁有大型工廠的企業為主。

碰上組織龐大的企業，就很難和業務承辦人見到面，再加上同時還有好幾家同業在競爭，業務推廣工作其實一點都不輕鬆。

況且S還是一個超級內向的人。

原本從事技術職工作的S，在公司整併後轉任業務工作。

他說他原本也是千百個不願意。

當時他的主管就是典型「強勢業務」型的人。

因此他對S的教育也是「硬是推銷下去就對了！」、「給我拚命去拜訪！」之類的內容。

S也曾試著努力，但以他的個性，很多事情就是做不到。

結果當然就是看不到績效有任何起色。

後來他因為壓力太大搞壞身體，住院休養了一段時間。

S不得不做個抉擇。

是要辭掉工作？

還是想辦法做出業績？

他想打破現狀的僵局，偶然在書店發現我的書後便主動和我聯繫，開啟了我們往來的契機。

我先仔細地探詢了他的狀況。

包括他的業務推廣活動、商品特性、目標族群特色等，還有最重要的——就是S自己希望達到什麼狀態。

探詢過後，我的結論是建議他「**發展以跟催為主的業務推廣**」。理由是因為他有以下的這些狀況。

客戶目標數量有限

既然要找規模有一定程度的工廠，那麼能跑的業務範圍就會受限。換句話說，一旦被客戶禁止進出，等於當場就走投無路（事實上，以往那些被他強迫推銷過的那些公司，的確都沒辦法再去了）。

需經審慎評估才會做出決定的商品

不論是從金額或從商品特性來看，客戶都需要經過審慎評估才會定案。因此，商品好壞固然不容忽視，但對業務員的信任更是重要。

用S想要的業務推廣路線來經營

內向型的S實在很不擅長強人所難。

不過，他的個性認真老實又一絲不苟，我希望他能在業務工作中善用這些特質。

他本人也希望能用適合自己的方法來做出績效。

究竟S做了哪些跟催工作？這個部分我會在下一節具體詳述。在此之前，讓我們先看看他做出了什麼樣的績效。

一開始，他的努力並沒有馬上帶來業績進帳。

因為商品特性的關係，他的一張訂單要花半年到一年才會定案。

然而從隔年起，S的業績開始勢如破竹地突飛猛進。

他在前一年落實跟催的那些客戶，陸續找上門來。

於是他就在那一年，成了公司的王牌業務員。

S也覺得自己比較適合「由客戶主動找上門談需求」的形式，所以更進一步轉型為重視跟催的業務推廣路線。

後來他深獲客戶信任，甚至連不相關的工作和私人問題，都有人找他商量。

對我這個輔導轉型的推手而言，這也是個圓滿的結局。

在下一節當中，我會詳加講解當初請S執行的跟催方法。

先將客戶分級，就能看清自己「該採取什麼行動」

我常看到業務員統一管理跟催客戶清單，這樣做其實很沒有效率。

不該把只交換過名片的點頭之交，和以往曾找我們下過單的客戶一視同仁。

包括S在內，我會建議前來找我諮詢的業務員，把跟催客戶從A～D分成四個等級（請參照下頁圖表）。

每個等級代表不同的下單機率。

跟催客戶清單分級示例

等級	客戶名稱	承辦窗口	進度
A	○○物產	○○總經理	客戶表示本月內會下單
B	××商事	××組長	已簡報完畢，等結果（感覺有希望）
C	△△開發	△△總務專員	約定下次與主管當面洽談
D	◇◇製作所	◇◇人資專員	僅交換過名片

A：當月成交機率百分之八十以上
B：當月成交機率百分之五十以上
C：當月成交機率百分之二十以上
D：尚無眉目

依業務員的感覺來決定機率高低即可。

如果研判本月內（依商品特性不同，可能是一年以內或其他區間）成交機率為百分之八十以上，就列為A級。

這樣分類過後，自然就比較容易看出「**優先事項**」。

A級的成交機率最高，當然要把心力投注在此。

再來就只要努力提高各個客戶的等級，例如讓C級的客戶提升至B級等。

接著，每次拜訪過客戶之後，在表格中填寫進度狀況。

- 日期
- 事由
- 承辦人姓名
- 談話內容等

像這樣填寫清楚，讓任何人都能一看就瞭解狀況。如果可以的話，最好再**和所屬團隊分享這些資訊**。

「你那個C級的客戶，現在狀況怎麼樣了？」

「那個D級的客戶怎麼一直都是D，一點進度都沒有嗎？」

業務員可以向資深前輩請益，或請前輩偕同拜訪，工作就會比較容易向前推進。況且有了上述這樣的互動，業務員就能更切身感受到整個團隊正在一起努力，而不是自己孤軍奮鬥，更有助於提升工作動機。

此外，像這樣整理過清單之後，就更容易看出自己「**該採取什麼行動**」。

- 我的跟催客戶比大家少，要再設法增加。
- D等級的客戶好多，這個月的目標，就是要讓它們升級。
- 這個月已經有A等級三筆，多耕耘下個月的業績吧！

日常業務推廣活動的目的其實很單純，就是要增加跟催客戶，再讓它們逐一升級。不論如何，只要一再重複這個循環，自然就會有業績進帳，同時績效表現也會穩定發展。

前面提到的那位S，就是以跟催客戶為主軸進行業務推廣活動，繳出了亮眼的成績。

這一套跟催手法，讓業務員不必強勢硬推也能成交，最適合內向型業務員。

請各位也務必一試。

將客戶的信任程度「視覺化」

前面我們探討了「跟催」的重要性。

可是，或許各位會這麼想：

「所謂的『跟催』，實際上究竟要做什麼？」

明明沒事卻要去拜訪客戶——想必內向型業務員一定很不擅長應付這種任務。

剛才的S先生，還有其他內向型業務員也是這樣的。

於是我出了一項功課給他們。

這項指令一出，以往總是裹足不前的那些業務員，紛紛開始搶著去拜訪客戶了。

而且個個都莫名地歡樂。

我出給他們的功課就是……

拜訪客戶時，要設法讓客戶端茶出來招待。

或許有些讀者會覺得「你在說什麼傻話」，但這件事千真萬確。

其實對於這些很容易被客戶討厭的業務員來說，光是喝到客戶端出來招待的茶水，就已經是一大斬獲了。

因為它證明了客戶把業務員當作「訪客」，以禮相待。

這項功課可分為五個等級：

等級5：承辦窗口引薦其他部門的人員
等級4：拜訪時喝到客戶端出來招待的茶水
等級3：能坐下來和客戶談話
等級2：能站著和客戶談話
等級1：讓客戶記住自己的名字

就像這樣，業務員要檢視自己和每個客戶的關係達到哪個等級。

換言之，我將客戶對業務員的信任程度，化成了簡單易懂的指標。

以往對拜訪客戶總是裹足不前，說「去拜訪也不知道該聊什麼才好」的業務員，後來竟變得勤跑拜訪行程。

「總之就先以站著談話為目標。而想達成這個目標，就得先準備一點話題才行。」

「下一步就是要挑戰端茶招待了。該怎麼做才能發展到那樣的關係？」

因為業務員的想法出現了這樣的轉變。

再者，由於業務員與客戶之間的客情關係有了一套明確的量尺，使得業務員開始願意擬訂拜訪對策。

以結果來看，這項功課讓業務員開始積極拜訪客戶，建立起良好的關係，當然業績也就跟著蒸蒸日上了。

而這五個等級的條件內容，我都請業務員自行設定。

畢竟業務員和每個客戶之間的客情關係，會因業種而有所不同，不是我能擅自決定的。

剛才那五個等級，是我拿出來舉例的內容。

我輔導過的業務員當中，甚至還有人細分到十個等級。

將跟催的成果和進度「**視覺化**」，也有助於深化與客戶之間的信任。
請各位務必試著把這一套「看得見」的跟催方法，融入自己的業務推廣活動當中。

電子郵件用得好，不碰面也能跟催

近來，「電子郵件」也已成為跟催客戶的方法之一，而且威力不容忽視。

「可是郵件裡該寫些什麼？」

各位或許會有這樣的疑問。

既然要寄電子郵件，當然就希望客戶真的會打開來看，最好還願意回信。

若能寫出一封威力不亞於「直接見面」的電子郵件，那它就可以說是一項絕佳的業務推廣手法。

因此我要建議各位：要以會寄送「跟催郵件」為預設前提，進行業務活動。

愈是彼此共通的話題，客戶愈會想動手回信。

換句話說，「拜訪時的談話內容」即使放在電子郵件裡，雙方也很容易聊開。

假設在拜訪客戶的破冰時，有過以下這樣的互動：

業務員：「剛才我來到這裡的路上，看到一家鯛魚燒店大排長龍。您知道那家店嗎？」

客戶：「喔，那家店很有名啊！」

業務員：「這樣啊！真的有那麼好吃嗎？」

客戶：「很好吃啊！外皮很香脆。」

業務員：「聽起來很不錯，我等一下回去的時候繞過去看看。」

客戶：「一定要去吃看看，我個人私心推薦卡士達口味！」

我心裡盤算著：「**太好了，等一下回程就去買，然後再用電子郵件寫一些感想寄給他！**」

回到公司後，我寄了以下這封郵件：

「剛才很謝謝您。

我已迫不及待地去了那家鯛魚燒店，

買了卡士達和紅豆口味給公司同事，大家讚不絕口。

卡士達口味果然好吃。

謝謝您告訴我一家這麼好的店！」

沒有特別談到工作上的話題，或者更該說是刻意不談。

這樣的電子郵件，客戶就會忍不住想動手回信了吧。

無論如何，這就是運用與客戶談話時聊過的話題，巧妙地串聯實體洽談和電子郵件，營造出像是雙方仍在對話的氣氛。

如此一來，就算只有一面之緣，還是能建立起一種「好像彼此很熟」的關係。

到了這個地步，生意上的事當然就更能積極推進了。

也因為這樣，所以我才建議各位要多到客戶所在地附近走走，看看有什麼店家。另外，寫給客戶的跟催郵件上，可用題材不見得只有破冰時的話題。在其他業務推廣階段的互動，也可以用來當作跟催郵件的題材。

- 探詢時：「不好意思，今天一連問了那麼多問題。可是您說的那一番話實在太有意思了，所以我一不小心就追問個沒完沒了。」
- 簡報時：「感謝您在我說明商品時，問了那麼一針見血的問題，是很值得參考的高見，因為我們都沒人注意到那點。」
- 收尾時：「最後請您過目的那份資料，有點看不清楚。下次我會帶升級版過去拜訪您！」

就像這樣，請各位不妨試著把「**當天互動中印象深刻的事**」寫在郵件裡，寄給對方。各位和客戶之間的距離，一定會因此而拉近。

業務員能獲得引薦，都是有原因的

跟催客戶的效應，不只是能從這個客戶身上接到訂單而已。

還有機會獲得「引薦」。

就我個人的經驗而言，下單機率最高的新客戶，莫過於其他客戶引薦的對象了。

說到跟催，大家不免會認為是針對眼前的客戶，對吧？

也就是一邊跟催，一邊等著眼前客戶總有一天會下單。

然而，光是這樣的話，即使跟催得再怎麼順利，能接到的訂單數量，頂多就是追平跟催客戶的數量而已。

重點在於追蹤時的著眼點。

與其聚焦在眼前這群客戶的訂單，不如把「讓眼前這些客戶為我宣傳」這點好好放在心上。

有一位我輔導過的業務員，自從某一段時間起，被引薦案件的數量大增。

可是他並沒有刻意去拜託，要別人「幫忙引薦」。

原來是那位業務員有個曾去拜訪過幾次的客戶，會端茶水出來招待他，還和他喝茶閒聊。

不過，客戶並沒有向這位業務下單。

因為業務經手的商品，客戶根本不需要。

而這件事業務員也已經看開了。

即使如此，客戶看到他來了，還是會很高興，所以他三不五時就會去拜訪一下。

結果有一天，客戶問了他這樣的問題：

「前幾天和朋友聊天時，他說他很想要你的產品，我可以引薦一下嗎？」

因為這個契機，後來這個客戶又幫他引薦了好幾個客戶。

明明他沒主動拜託，為什麼客戶願意幫他引薦好幾個朋友呢？

原因有二。

首先，他不強迫推銷。

他深知強迫推銷也拿不到訂單，所以完全沒有強迫推銷的念頭，因此客戶很願意接納他。

如果負責的業務員是個會強迫推銷的人，就算朋友再怎麼想要這些商品，客戶也絕不會想幫忙引薦。

畢竟他不想給朋友添麻煩，也不想因為所託非人而後悔。

從這個層面來看，成為一個能讓人安心引薦的業務員，同樣非常重要。

另一個原因，是客戶對業務員感到「過意不去」的念頭。

讓業務員專程前來拜訪，自己卻給不了訂單。

不過，我還是想設法幫幫這個業務員……

想必客戶是在這種心態發酵之下，才為業務員引薦。

自從這位業務員切身體會「不強迫推銷」所帶來的好處之後，不論眼前的客戶是否下單，他都會以爭取信任為最優先考量。

如此經營的結果，他手邊因為引薦而來的案子愈來愈多。

跟催客戶時，請各位試著多提醒自己「**那個人的背後，還有好幾個潛在客戶**」，再出手行動。

所以你也一定能成為「超級業務員」！

內向型的人，基本上都很低調內斂。

大多數都不願意主動出擊，找人洽談。

「所以說穿了，這種人根本就不適合當業務員嘛！」

是的。

喔！不對，該說以前是這樣沒錯。

在既沒有網路也沒有電子郵件的時代，業務要不斷地親自拜訪客戶，業績才會好。

然而現在，甚至是從今以後的業務員，就不是這麼一回事了。

毫不猶豫地跑去拜訪客戶，反而可能帶來反效果。

因為業務員再怎麼努力大打笑容和活力牌，也拿不到訂單。

能不能成交，取決於客戶「下單」這個冷靜判斷，而不是業務員「想拿訂單的念頭有多強烈」。

換言之，重要的不是照顧業務員自己的感覺，而是要看我們懂不懂得體貼客戶的感受。

而這份體貼，對於本來就很不想給別人添麻煩的內向型業務員而言，是一件很稀鬆平常的事。

沒錯，內向型業務員只要用最真實的自己來推廣業務就行了。

這麼做更能讓各位成為「超級業務員」，保證錯不了。

況且為了配合旁人而扼殺自己的個性，不僅拿不到訂單，還要承受龐大的壓力。

現在的社會，很難再用步步進逼的業務推廣手法拿到訂單。

愈是強勢硬推，客戶愈會離我們遠去。

「有點事想找你商量，方便過來一趟嗎？」

「我在網路上查了一些資料，但是看不太懂，所以想問問你。」

「將來要換新的時候，想麻煩你幫我們處理。」

要是客戶能像這樣主動找上門，那就太好了，對吧？

如果是配合顧客需要上門拜訪，而不是只考慮到自己的話，想必各位就能妥善處理業務推廣工作，不至於太抗拒了吧？

況且能聽到客戶說「**想找你過來**」，業務員更是會滿心歡喜。

受人期待時，我們的幹勁也會隨之提升，於是就會設法回應客戶的期待，客戶對我們的信任也會因此加深，進而帶來業績進帳。

我認為這就是業務推廣活動的終極形態。

客戶滿意，業務員自己也開心，還能對公司有所貢獻。

期盼各位也能成為這樣的內向型業務員。

前　言

序　章

第一章

第二章

第三章

第四章

第五章

第六章

第七章

代　跋　我最想表達的事

附　錄

「階段式業務推廣法」改變內向型業務員的人生

感謝各位不辭辛勞地讀到這裡。

前面我談了很多心法和概念，例如「不帶抑揚頓挫，把話平鋪直敘地說出來」、「被拒絕就老實離開」等，都和傳統的業務推廣做法大相逕庭，或許有些地方會讓各位覺得理不清頭緒。

不過，我在書中所說的每句話，都是正確合理的論述，絕非標新立異的奇招。

最重要的，是各個階段循序漸進的程序。

還有不任意打斷這一套流程。

持續跟催每一個接觸過的客戶，接單就能愈來愈輕鬆。

也因為這樣，避免那些會打斷流程的行為（例如強迫推銷或死纏爛打地拜託等），更是至關重要。

找出這一套「階段式業務推廣法」之後，大大地改變了我的人生。

當年我在瑞可利當業務時，本來應該也有可能一路業績墊底，失敗受挫，最後只能順勢辭職。

要是我淪落到那一步，恐怕早就放棄了業務工作，當然也就不會從事現在這一行了。

當年主管偶然邀請我偕同拜訪，而這個契機，讓我日後的命運轉往了不同方向。

對了，我在序章分享過和主管偕同拜訪的故事，其實還有續集。

後來，主管對我說，當時我見識到那一套「靜悄悄」的業務推廣手法，**都是特地為我安排的**。

他說他平時走的都是開朗活潑的業務推廣路線，就如他給人的印象一樣。

那天他是為了給我一點啟發，才**刻意假裝成內向型業務員**。

聽到這一番話的當下，我驚訝得說不出話。

多虧有他，才會有現在的我。

我由衷地感謝他。

如今在撰寫這本書的同時，我又想起了當年的光景。

內向型的人成為「超級業務員」——這件事所帶來的強大震撼，遠超出各位的想像。

不只是在公司內部贏得認同而已。

對於渾身充滿自卑的內向者而言，在業務工作上做出成績，往往能帶給他們無比的自信。

內向者在社會上也能吃得開。

況且還是在大家認為最不適合的業務工作上走出一條光明大道，會讓內向者覺得自己簡直脫胎換骨。

工作上的自信，對生活上也會帶來正面的影響。

以前我是個沒有半點桃花運的人，業務工作有了成績之後，我結識了有生以來第一個能讓我自在相處、毫不緊張的人。

是的，我的人生為之一變。

我很希望各位都能嘗到這樣的滋味！

為此，請各位先當個「**超級業務員**」吧。

請放心，只要確實學會「**階段式業務推廣法**」，各位的業績必定能蒸蒸日上。

內向「特質」善用與否，取決你自己

從小到大，我一直活在自卑感中。

每當我發現自己有什麼不如人的地方，就會想盡辦法讓自己往平均水準靠近。

可是，有時其他孩子能輕鬆完成的事，對我而言難度就是特別高，我要花比別人更多的時間，才能稍微感受到自己的進步。

這種情況在我長大成人之後，還持續了好一段時間。

我只看到自己那些不如人的地方，更為了克服這些短處而投入許多時間。

投入時間之後，卻看不到成果……就這樣一再循環。

如此苦悶的日子，一直到我寫完前一本書《內向業務員銷售要訣》之後，才畫下了休止符。

在這本書當中，我把自己過去隱藏已久的自卑（可見我的個性有多內向），全都攤在陽光下。

出版當天，我整個人焦慮不安。

因為我擔心讀了這本書的親朋好友，會不會看到書中描述，知道了我的本性後，離我遠去。

結果一揭曉，才發現等著我的，是個令人欣慰的失算。

以往那些和我有點熟又不太熟的人，都大步地向我走近。

當時對我來說，所謂的「內向型」，是個只想好好藏起來的負面象徵。

而我把它攤在陽光下，為什麼大家還願意給我肯定？

因為身旁的這些人，早就知道我是個內向者。

只要平常看過我的言行，就能看穿我真正的個性。

況且大家還知道我這個當事人，總是企圖隱藏自己的內向。

「看來渡瀨自己好像不太想提，那就別對他說那些和內向有關的詞彙吧！」

就這樣，我下意識地讓旁人顧慮著我的感受。

不過，因為出書這個契機，讓這些親朋好友覺得「**看來可以不必再避談渡瀨那件事了**」，於是一口氣拉近了彼此的距離。

在鬆了一口氣的同時，我終於明白了一件事。

那就是為什麼我和朋友總是很難推心置腹。

我一直以為是因為我的個性不好，但其實不然。是大家和那個「不願意坦然接受自己」的我，刻意保持了一些距離。

看到我斬釘截鐵地說出自己是內向者之後，大家才覺得「**他終於願意坦然面對了。這下子和他往來的距離，應該可以拉得更近一點了吧**」——這才是事情的真相。

這件事當然也可以大方地告訴客戶。

即使我們在跑業務時藏起自己的真性情，但其實早就在某些地方露了餡。

而客戶也會選擇和這樣的業務員保持距離。

結果就是接不到訂單。

因此，我要給各位一個良心的建議。

不妨就先承認自己是個內向者吧！

內向只不過是一種「**特質**」，既非壞事，更不可恥。

它就是一種有別於其他人的「**差異**」，無所謂優劣之分。

「**話是這麼說，但要公開隱瞞已久的事，還是需要一些勇氣。**」

我很能體會各位的心情。

因為我也是個鼓起勇氣的過來人。

不過，就因為我鼓起勇氣把事情攤在陽光下，所以我才更加明白⋯⋯

這樣做絕不會有負面效果。

我甚至敢打包票，它的效果，反而會正向得令人吃驚。

請各位善加運用這個別人身上沒有的特質。

並以最自在的狀態，進行業務推廣活動。

不僅客戶會變得很願意接納各位，想必各位自己也會因為從束縛中解脫而變得神清氣爽。

期盼各位就用自己原有的內向個性，昂首闊步地走出一條屬於自己的人生路。

沉默業務員訓練師　渡瀨謙

附　錄　業務格言一百句

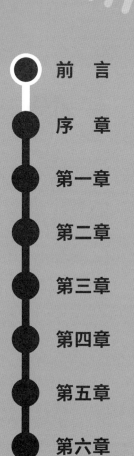

作者的話

感謝您翻閱本書。

這本冊子是將我以往寫在書中的內容，以及在演講等場合分享的談話，以「格言形式」重新整理而成。

當中網羅了我們在日常業務推廣活動中易犯的毛病、常忘的重點，以及不知不覺間就發生的疏失等等。

各位不妨在業務推廣碰壁，或上下班通勤時，隨手打開來翻閱。

這些內容是我個人對業務推廣的想法，無意強迫各位全盤接受。

各位都可以自由詮釋。

不過，看過這麼多業務員之後，我可以很有把握地說：這些內容，都是「超級業務員覺得理所當然、隨時在做的事」。

實際上，讓小業務翻身成為超級業務員的契機，往往都是一些出人意表的小事。

我看過好幾位業務員，都只是一個開竅，整個人就變得脫胎換骨似的。

期盼在這一百個條目當中，能有任何一條，成為推動您在業務路上勇往直前的契機。

渡瀨謙

第一章　業務技術

要影響他人的唯一方法，就是給出對方想要的東西。
戴爾・卡內基（Dale Carnegie）／《卡內基溝通與人際關係》

1 業務員的工作不是「賣產品」，而是讓顧客說出「我要買」。
2 你是不是想讓自己表現像個業務員？拿不到訂單的原因就在這裡。
3 業務員業績差，不是因為不會講話，是因為總想著要講得好，才會拿不到訂單。
4 別只想著向眼前的人推銷！這才是成交的捷徑。
5 「不好意思，在您百忙之中打擾。」你怎麼知道對方很忙？
6 只要對方不願意聽，再怎麼拚命說明都是徒勞。
7 被拒絕之後的應對，是決定你能否成為超級業務員的關鍵。選擇死纏爛打，才會讓你拿不到訂單。

8 切記別在約定時間的最後一刻才勉強趕到。

9 聽別人說明一些自己早就知道的事，會讓人覺得很煩躁。

10 人為什麼願意相信網路上的評價？因為上面會寫出缺點。

11 多回頭拜訪成交的顧客，問問他們為什麼願意找你下單。

12 今天沒下單的人，說不定一年後就會下單。用心等待這樣的顧客，也是業務推廣活動的一環。

13 「開發新客戶」還只是在調查階段，並不是業務推廣活動，所以不要推銷。

14 如果每次都能試著用不同方法進攻，那麼一〇〇次無預約拜訪就是一件好事。

15 你會不會沒頭沒腦地就跑去問客戶：「有沒有什麼需要？」

16 與其思考「要打幾折才賣得掉」，不如認真想想「不打折就賣掉」的方法。

第二章 溝通

如果把我以往在人際關係上學到的寶貴教訓，用一句話來說明，那我會說：「先努力理解對方，再讓對方理解我們。」這個原則，是我們在人際關係當中，與他人有效溝通的關鍵。

史蒂芬·柯維（Stephen R. Covey）

17 當陌生人帶著笑容走近時，我們通常都會提高警覺。

18 想推銷的業務員，和不想被推銷的客戶。這樣的組合，根本不可能談得來。

19 客戶很冷淡？那是因為你讓他有這樣的反應。

20 拿到名片，發現對方姓名很特別時，要立刻拿來當作話題。

21 與其設法讀懂別人心思，不如多用巧思，問出對方真正的想法。

22 做一場專屬的說明，對方一定會聽得興味盎然。

23 表現真誠自然的一面，就能緩和對方的戒心。

24 別只顧著一頭熱地往前衝，否則客戶會逐漸離你遠去。

25 當客戶還會以「好貴喔」為由拒絕下單時，業務員就要有業務功力還不到位的自覺。

26 與其鍛鍊「罵不退」的毅力，不如多花心思想想如何不讓對方動怒。

27 信任是日積月累的結晶，但摧毀只在一瞬之間。

28 那一套簡報，是方便自己說明的工具，還是讓對方容易聽懂的內容？

29 努力固然很好，但要先提醒你一件事：死纏爛打的業務員會惹人厭。

30 衝勁不是拿來用在別人身上的東西，所以不能在別人面前展現衝勁。

31 若是發自內心的真實感受，那麼就算討厭自家商品也無妨，不必勉強自己喜歡。

32 你是否對沒成交的客戶擺出了冷淡的態度？

33 「我沒錢，所以買不起」這句話真正的涵義是：「不想向你買。」

34 「有事我會再跟你聯絡」這句話，意思是：「別再打電話來。」

35 鴉雀無聲很可怕？開始聊起毫無意義的話題，恐怖程度會比沉默更高出好幾倍。

36 試著用你準備的輔銷工具取代言語，光是這個小動作，就能讓你的說服力提升好幾倍。

第三章　工作動機

慶祝成功固然可喜，但更重要的，是從失敗中學到教訓。觀察員工「如何面對失敗」，可以讓企業瞭解員工還能拿出多少創意與才華來因應變化。不論在什麼樣的企業，都會需要那些曾犯過疏失，卻能充分運用失敗教訓的人。

比爾・蓋茲（Bill Gates）

37 既然不會成交，乾脆就把今天當作「不推銷日」吧！

38 「忍耐」可不是你的工作。

39 把產品賣給那些看起來根本不可能成交的人，比賣給那些看起來應該會下單的人更帥氣。

40 世上還是有些跨不過的高牆，碰到這種高牆時，閃過它就行了。

41 世上就是有人再怎麼努力都做不出績效，也有人不費吹灰之力就能坐收成果。

42「愈做愈覺得輕鬆自在」這種業務推廣的型態最理想。

43 產品和貨款等於是以物易物，所以業務員和客戶是對等的。

44 為什麼你要那麼卑躬屈膝？做了什麼壞事嗎？

45 不是提不起勁，是你還沒有找到方法。

46 想丟掉那些討厭的客戶，方法很簡單，只要讓自己滿手都是好客戶就行了

47 試著沙盤推演出一套劇本，讓客戶會開口說「謝謝你願意賣給我。」

48 其實很努力，但業績就是不見起色的業務員，業務實力已經擠進了前段班。

49 當場回答不出來也沒關係，因為這就是一個長知識的大好機會。

50 現在業績不好，是為了在將來出人頭地時有故事可說。

51 我們不可能把話說得人人都懂，只要有一個人確實瞭解，那就及格了。

52 不喜歡跑業務，就說「不喜歡」，反正不管怎麼說，會成交就是會成交。

53 那個雙手停止動作的人！電腦可不是會自動跑出創意的魔法箱喔！

第四章 優勢

你該多把心力投注在自己的優勢上，別花太多時間去改善自己不擅長的事。從無能進步到平庸，要耗費的精力與努力，遠勝過從一流發展到卓越。

彼得・杜拉克（Peter F. Drucker）／《21世紀的管理挑戰》

61 要培養業務能力，就要拿到通行四海的武器。

62 強迫自己提升工作動機固然很好，但你曾因為這樣而業績大好過嗎？

63 先決定好偷閒的地點，才能在工作進度撞牆時喘口氣。

64 一味模仿別人，業績當然不會好。因為你就是你自己。

65 有朝一日業績會突然大爆發。那一天說不定就是今天。

第五章 成長

只要不做無謂的事，事情自然就會有進展。

史蒂夫・賈伯斯（Steve Jobs）

74 想辭掉工作？想創業獨立？那就更該先培養業務推廣能力。

75 在咖啡館喝咖啡的你，是在忙著動腦處理工作，還是純粹在偷懶？

76 別去那些湊巧約到的地方拜訪，該想辦法進攻那些你想約訪的公司。

77 今天往前了一步嗎？只要持續前進，未來就是光明的。

78 只要是為了拿出績效，偶爾違逆主管也無妨。

79 不是只有自家商品可以賣！客戶的商品也能賣。

80 個性就像長相，每個人都不同，所以不必和別人用一樣的銷售手法。

81 有些人在演練時能將業務角色扮演得很好，但業績就是不見起色，原因其實很清楚：他們太愛搶在客戶開口前滔滔不絕地說明。

82 只是一味發號施令，團隊成員不會有所成長。把指令背後的原因告訴他們，也很重要。

83 找出自己的成交模式，靈感就藏在過去的成交經驗裡。

84 要是被客戶拒絕，就瀟灑地離開，絕對不能流露出萬分遺憾的模樣。

85 只要能讓對方開口說話，訂單大概都能手到擒來。

86 你需要具備一些觀察力，才能拋出一些讓對方容易聊下去的話題。

87 問一些難以啟齒的問題，以拉近彼此的距離。
88 在人前講話不緊張的方法：別要求自己講得行雲流水、妙語如珠。
89 商品都有價值。至於價值是高是低，則會因人而異。
90 與其熟記那些銷售技巧，不如想想怎樣才能表現得真誠自然。
91 業務員銷售的商品，絕大多數都很便宜。
92 巧妙運用通勤時間，會讓你和別人拉開很大的差距。
93 向不同行業的人學習。
94 偶爾不妨試著拿起那些平常絕對不碰的雜誌來翻閱。
95 業務推廣不是個人賽，團隊合作、分享，業績更能成長好幾倍。
96 偶爾試著被人推銷一下，你會有新發現。
97 不妨拍下自己在銷售演練時，角色扮演的實況。
98 試著當個主辦人，哪怕只是興趣之類的休閒活動也無妨。
99 能做人情時就儘量做。
100 擬出具體需求，升起「天線」，就能找到自己想要的資訊。

實用知識 75

內向又怎樣，不刷存在感也能成交！

不炒氣氛、不高談闊論、不強迫推銷，讓內向者自在工作的階段式業務推廣法

“内向型”のための「営業の教科書」：自分にムリせず売れる６つのステップ

作　　者：渡瀨謙
譯　　者：張嘉芬
責任編輯：簡又婷
校　　對：簡又婷、林佳慧
封面設計：張巖
美術設計：洪偉傑
寶鼎行銷顧問：劉邦寧

發 行 人：洪祺祥
副總經理：洪偉傑
副總編輯：林佳慧
法律顧問：建大法律事務所
財務顧問：高威會計師事務所
出　　版：日月文化出版股份有限公司
製　　作：寶鼎出版
地　　址：台北市信義路三段 151 號 8 樓
電　　話：(02) 2708-5509　傳真：(02) 2708-6157
客服信箱：service@heliopolis.com.tw
網　　址：www. heliopolis.com.tw
郵撥帳號：19716071 日月文化出版股份有限公司

總 經 銷：聯合發行股份有限公司
電　　話：(02) 2917-8022　傳真：(02) 2915-7212
印　　刷：禾耕彩色印刷事業股份有限公司
初　　版：2021 年 5 月
定　　價：350 元
ＩＳＢＮ：978-986-248-958-1

國家圖書館出版品預行編目資料

內向又怎樣，不刷存在感也能成交！：不炒氣氛、不高談闊論、不強迫推銷，讓內向者自在工作的階段式業務推廣法 / 渡瀨謙著；張嘉芬譯 . -- 初版 . -- 臺北市：日月文化出版股份有限公司，2021.05
296 面；14.7 X 21 公分 . -- (實用知識；75)
譯自："内向型"のための「営業の教科書」：自分にムリせず売れる６つのステップ

ISBN 978-986-248-958-1（平裝）

1. 銷售 2. 銷售員 3. 職場成功法

496.5　　110003865

日月文化集團
HELIOPOLIS
CULTURE GROUP
客服專線 02-2708-5509
客服傳真 02-2708-6157
客服信箱 service@heliopolis.com.tw

廣告回函
台灣北區郵政管理局登記證
北台字第 000370 號
免貼郵票

日月文化集團 讀者服務部 收

10658 台北市信義路三段151號8樓

對折黏貼後，即可直接郵寄

日月文化網址：**www.heliopolis.com.tw**

最新消息、活動，請參考FB粉絲團

大量訂購，另有折扣優惠，請洽客服中心（詳見本頁上方所示連絡方式）。

大好書屋　寶鼎出版　山岳文化

EZ TALK　EZ Japan　EZ Korea

日月文化集團
HELIOPOLIS
CULTURE GROUP

感謝您購買 內向又怎樣，不刷存在感也能成交！不炒氣氛、不高談闊論、不強迫推銷，讓內向者自在工作的階段式業務推廣法

為提供完整服務與快速資訊，請詳細填寫以下資料，傳真至02-2708-6157或免貼郵票寄回，我們將不定期提供您最新資訊及最新優惠。

1. 姓名：__________ 性別：□男 □女
2. 生日：____年____月____日 職業：
3. 電話：（請務必填寫一種聯絡方式）
（日）________（夜）________（手機）________
4. 地址：□□□
5. 電子信箱：
6. 您從何處購買此書？□________縣/市________書店/量販超商
□________網路書店 □書展 □郵購 □其他
7. 您何時購買此書？ 年 月 日
8. 您購買此書的原因：（可複選）
□對書的主題有興趣 □作者 □出版社 □工作所需 □生活所需
□資訊豐富 □價格合理（若不合理，您覺得合理價格應為______）
□封面/版面編排 □其他
9. 您從何處得知這本書的消息： □書店 □網路／電子報 □量販超商 □報紙
□雜誌 □廣播 □電視 □他人推薦 □其他
10. 您對本書的評價：（1.非常滿意 2.滿意 3.普通 4.不滿意 5.非常不滿意）
書名____ 內容____ 封面設計____ 版面編排____ 文/譯筆____
11. 您通常以何種方式購書？□書店 □網路 □傳真訂購 □郵政劃撥 □其他
12. 您最喜歡在何處買書？
□________縣/市________書店/量販超商 □網路書店
13. 您希望我們未來出版何種主題的書？
14. 您認為本書還須改進的地方？提供我們的建議？

預約實用知識，延伸出版價值